创一流 技工院校 职业院校 “一体化”精品教材

典型零件多轴

主　编　马玉良　雷欣荣　窦　磊
参　编　吴振通　黄宇林　谢健辉　王京城　练振达

電子工業出版社
Publishing House of Electronics Industry
北京・BEIJING

内 容 简 介

本书以项目式教学、任务驱动的方式组织内容，主要介绍五轴加工中心机床的应用技术。全书包含三个项目：多轴机床的操作、多轴加工仿真验证、多轴加工案例。本书配有课程使用的 Vericut 文件、UG 源文件，重点内容视频等资源，方便读者学习使用。

本书可以作为职业院校数控类专业的教材，也可供五轴加工中心操作人员、数控编程员、工程技术人员参考使用。

图书在版编目（CIP）数据

典型零件多轴加工 / 马玉良，雷欣荣，窦磊主编. —北京：电子工业出版社，2019.9

ISBN 978-7-121-34513-5

Ⅰ. ①典… Ⅱ. ①马… ②雷… ③窦… Ⅲ. ①数控机床—加工 Ⅳ. ①TG659

中国版本图书馆 CIP 数据核字（2018）第 128300 号

策划编辑：张 凌
责任编辑：张 凌
印 刷：北京虎彩文化传播有限公司
装 订：北京虎彩文化传播有限公司
出版发行：电子工业出版社
北京市海淀区万寿路 173 信箱 邮编 100036
开 本：787×1 092 1/16 印张：8.75 字数：224 千字
版 次：2019 年 9 月第 1 版
印 次：2024 年 2 月第 12 次印刷
定 价：28.00 元

凡所购买电子工业出版社图书有缺损问题，请向购买书店调换。若书店售缺，请与本社发行部联系，联系及邮购电话：（010）88254888，88258888。

质量投诉请发邮件至 zlts@phei.com.cn，盗版侵权举报请发邮件至 dbqq@phei.com.cn。

本书咨询联系方式：（010）88254583，zling@phei.com.cn。

前言

近年来，我国的数控加工技术快速发展，多轴机床在航空航天、汽车、医疗器械、模具等行业得到越来越广泛的应用。特别是五轴机床，其相对于三轴机床的加工优势和高效率得到认可。

目前，社会上急需多轴操作和编程的应用型技术人才，存在高薪难于聘到合适人员的情况，人才的匮乏制约了企业应用多轴加工技术的步伐。针对于此，我们特组织编写了这本多轴加工的培训教材。

本书以项目式教学、任务驱动的方式组织内容，介绍五轴加工中心机床的应用技术，共分为多轴机床的操作、多轴加工仿真验证、多轴加工案例三个项目。项目一多轴机床的操作分为：认识多轴机床、五轴机床的基本操作、五轴加工中心的对刀 3 个任务，具体介绍数控系统、机床面板、刀具长度和坐标系设定等内容。项目二多轴加工仿真验证分为：Vericut 软件的安装、Vericut 软件的基本功能介绍、应用系统中的三轴机床仿真、应用系统中的多轴机床仿真 4 个任务，系统讲解使用 Vericut 软件进行多轴仿真加工的方法。项目三多轴加工案例分为："3+2 定位" 五轴加工、"大力神杯" 五轴加工、"叶轮" 五轴加工 3 个任务，重点介绍使用 UG 软件编程，完成五轴定位加工、五轴联动加工的加工任务。

本书是广东省机械技师学院"创建全国一流技师学院项目"成果——"一体化"精品系列教材之一。本系列教材以"基于工作过程的一体化"为特色，通过典型工作任务，创设实际工作场景，让学生扮演工作中的不同角色，在教师的引导下完成不同的工作任务，并进行适度的岗位训练，达到培养提高学生综合职业能力的目标，为学生的可持续发展奠定基础。

本书由马玉良、雷欣荣、窦磊主编。项目一由马玉良编写；项目二由窦磊编写；项目三由雷欣荣编写。吴振通、黄宇林、谢健辉、王京城、练振达参与编写。

由于编者水平有限，疏漏之处在所难免，恳请各位读者朋友批评指正。

编　者

目录

项目一

多轴机床的操作

任务1　认识多轴机床

任务描述

在数控技术应用领域，多轴机床越来越受到重视和普及，很多学校的车间都有了四轴、五轴的加工中心机床。本次任务的主要内容是现场观摩学校车间的多轴加工中心设备、查阅相关资料，在老师的指导下认识多轴数控机床的特点、功能及优势。

任务要求

1．观察多轴机床的结构，能够正确识别多轴数控机床。
2．能够叙述多轴机床的常见类型。
3．能够判断一台多轴机床所具有的坐标轴，并能够正确说明各轴的正负运动方向。

任务实施

（一）相关知识

1．多轴加工和多轴数控机床

多轴加工通常是指四轴或四轴以上联动加工，是相对于传统的三轴加工而言的。所谓多轴数控机床，如图1-1-1和图1-1-2所示，是指一台机床上除了具有X、Y、Z三个移动坐标轴外，至少还有一个旋转坐标轴，并且计算机数控系统可以同时控制几个坐标轴进行联动加工。

图1-1-1　五轴联动机床1

图1-1-2　五轴联动机床2

2. 多轴数控机床的常见类型

（1）四轴联动机床目前主要有两种基本机床结构。

第一种是摆头结构，主轴装在摆头上，摆头可以摆动一定的角度，并且可以和三个直线轴联动。

第二种是旋转工作台结构，在 *XY* 平面工作台上再增加一个旋转工作台，工件安装在旋转工作台上并可随工作台旋转任意角度，实现联动加工。

（2）目前常见的五轴联动机床有三种机床结构。

① 双转台五轴机床，如图 1-1-3 和图 1-1-4 所示。

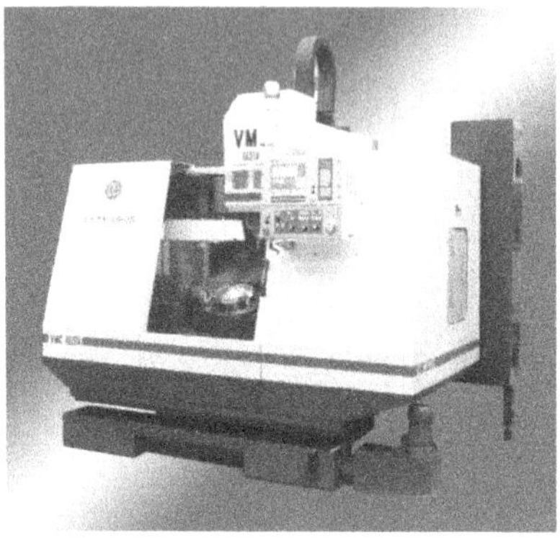

图 1-1-3　双转台五轴机床 1

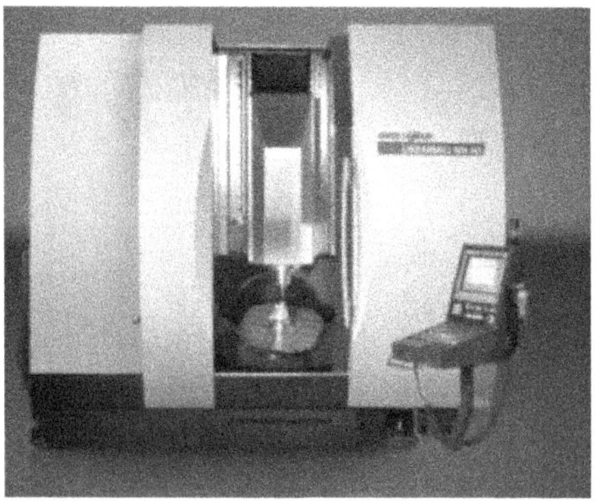

图 1-1-4　双转台五轴机床 2

② 一摆头一转台五轴联动机床，如图 1-1-5 和图 1-1-6 所示。

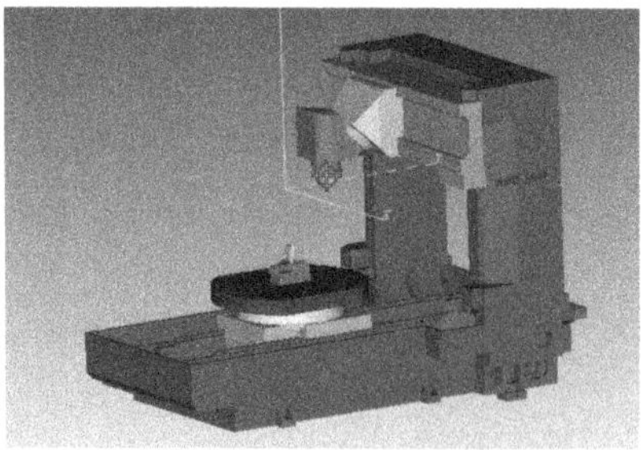

图 1-1-5　一摆头一转台五轴联动机床 1

图 1-1-6　一摆头一转台五轴联动机床 2

③ 双摆头五轴联动机床，如图 1-1-7 和图 1-1-8 所示。

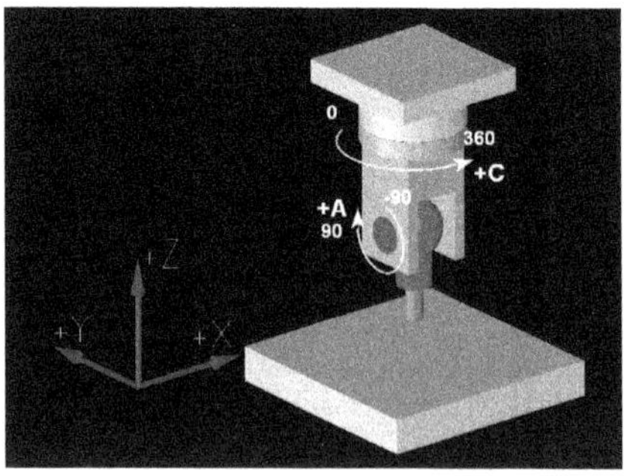

图 1-1-7　双摆头五轴联动机床 1

图 1-1-8　双摆头五轴联动机床 2

3．多轴加工的特点

相对于三轴数控铣床，多轴数控机床具有以下特点。

（1）减少零件装夹次数，减少定位误差。

多轴铣加工通常需要1～2次装夹就能完成工件的加工，减少了工装夹具的投入，也明显节省了时间，有效解决了多次装夹带来的找正误差。

例如，箱体的加工，第一次装夹完成定位面的加工，第二次以定位面定位完成其余四面的孔、面加工。

（2）可以加工三轴数控铣床无法加工的区域。

例如，多轴机床可以完成叶轮的加工，而在三轴机床上，刀具是不可能到达加工位置的。

（3）可以用更短的刀具实现零件的加工。

在多轴方式下，可以使刀具以最佳角度去接近工件，从而使刀具最短，有效增加刀具的刚性，使高速、高精加工成为可能。例如，模具清根。

（4）改善切削条件。

众所周知，球刀在模具加工中的地位非常重要。但是刀尖点是球刀的软肋，是导致球刀磨损失效的重要原因。而多轴加工中心可以使刀具沿零件法向倾斜一定的角度，避免刀尖参与零件切削。

4．机床的坐标系

机床的结构和运动形式多种多样，为了描述刀具与零件的相对运动，简化编程，保证记录数据的互换性，数控机床的坐标和运动方向均已标准化。

（1）坐标系的确定原则。

① 刀具相对于静止工件而运动的原则。

不考虑机床的结构，在编程过程中，一律规定为零件固定，刀具运动。

② 右手直角笛卡尔坐标系。

标准的机床坐标系采用右手直角笛卡尔坐标系，如图1-1-9所示。图中规定了*X*、*Y*、*Z*三个直角坐标轴的方向，各个坐标轴与机床的主要导轨相平行。相应的*A*、*B*、*C*表示其轴线平行于*X*、*Y*、*Z*的旋转坐标。根据右手螺旋法，三个旋转轴的正方向分别在*X*、*Y*和*Z*方向上右旋螺纹前进的方向。

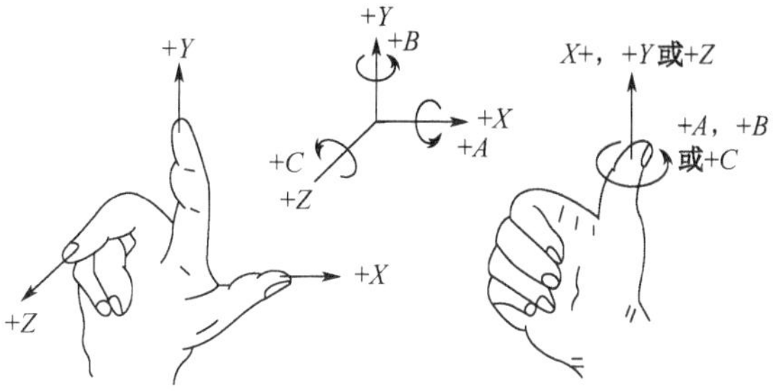

图1-1-9　右手直角笛卡尔坐标系

（2）机床坐标系的确定。

① *Z*坐标轴。

*Z*坐标轴是与主轴轴线平行的标准坐标轴，或者可以理解为以传递切削力的主轴为*Z*

轴。若机床没有主轴（如牛头刨床等），则规定 Z 坐标轴垂直于工件装夹面。Z 坐标轴的正方向是增加刀具和工件之间距离的方向。

② X 坐标轴。

X 坐标轴是水平的，平行于工件装夹面，是刀具或工件定位平面内运动的主要坐标。

在有回转工件的机床上，如车床、外圆磨床等，X 轴运动方向是径向的，而且平行于横向滑板。X 轴的正方向定义为安装在横向滑板的主要刀架上的刀具离开工件回转中心的方向。

在有刀具回转的机床上，如铣床等，若 Z 坐标轴是垂直的（主轴是立式的），当从主要刀具主轴向立柱看时，X 轴运动的正方向指向右方。若 Z 坐标轴是水平的（主轴是卧式的），当从主要刀具主轴向工件看时，X 轴运动的正方向指向右方。

③ Y 坐标轴。

根据 X 和 Z 坐标轴方向，按照右手直角笛卡尔坐标系确定 Y 坐标轴。

④ 旋转坐标轴。

相应的 A、B、C 表示其轴线平行于 X、Y、Z 轴的旋转坐标轴。根据右手螺旋法，A、B、C 正向分别在 X、Y 和 Z 方向上右旋螺纹前进的方向。

（二）操作实践

1．观察实训车间的 EMCOMILL E600 五轴机床，如图 1-1-10 所示，辨别机床的结构属于什么形式？然后叙述该机床包括哪几个坐标轴的运动，并说明每个轴运动的正方向。

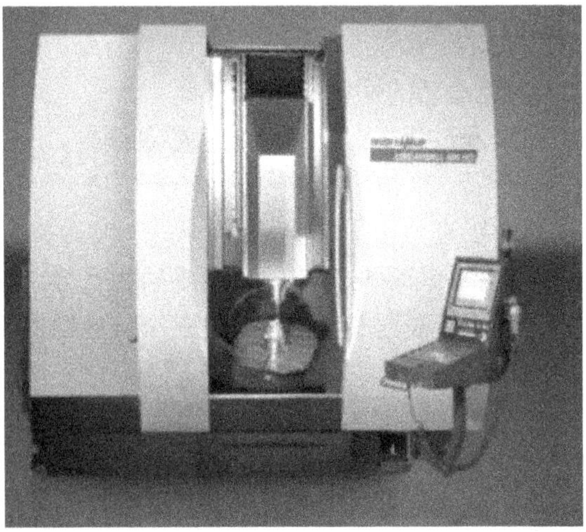

图 1-1-10　EMCOMILL E600 五轴机床

____

____

____

2．观察实训车间的德玛吉 DMU50 五轴机床，如图 1-1-11 所示，辨别机床的结构属于什么形式？该机床包括哪几个坐标轴的运动？每个轴运动的正方向是哪个方向？与 EMCOMILL E600 机床比较有哪些异同点？

图 1-1-11　DMU50 五轴机床

3．观察图 1-1-12～图 1-1-17 所示零件，分析并讨论选择三轴还是五轴机床加工合适？

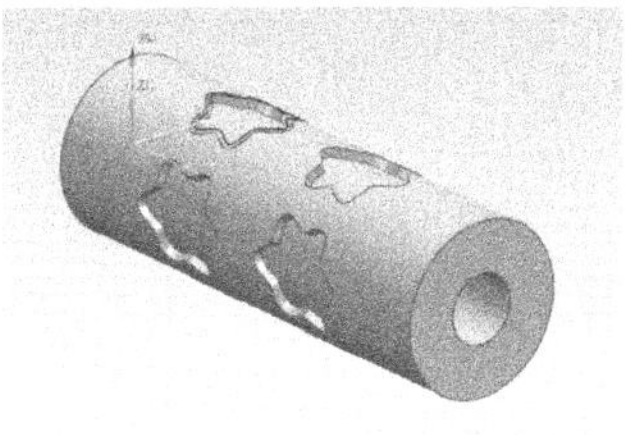

图 1-1-12　零件一

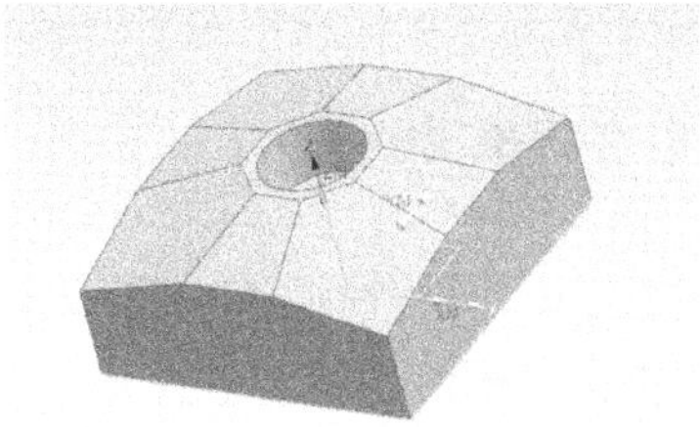

图 1-1-13　零件二

图 1-1-14　零件三

图 1-1-15　零件四

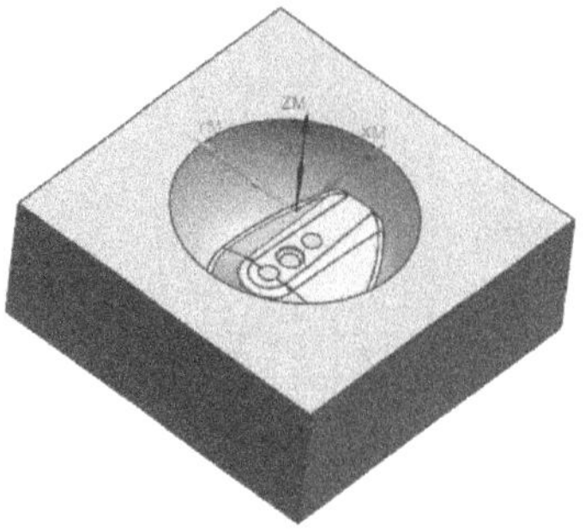

图 1-1-16　零件五

图 1-1-17　零件六

任务评价

按照表 1-1-1，根据操作实践环节中每个小组、每个同学的表现，从三个观察角度、不同的评价指标分别给予客观的评价。

表 1-1-1　多元评价表

序号	评价指标		自我评价			小组评价			教师评价		
			☺	😐	☹	☺	😐	☹	☺	😐	☹
1	专业技术能力	能分辨多轴机床的常见类型									
2		能叙述多轴机床的加工特点									
3		能正确判断机床坐标系									
4	职业方法能力	具备自我学习的能力									
5		具备信息处理的能力									
6		具备数字应用的能力									
7	职业社会能力	具备与人交流的能力									
8		具备与人合作的能力									
9		具备解决问题的能力									
10	总评										

任务总结

根据本次任务的学习、实践情况，结合任务评价，对完成任务的情况进行总结。

技能拓展

奥地利 EMCO 公司的 EMCOMILL E600 五轴机床的结构与组成如图 1-1-18 所示。

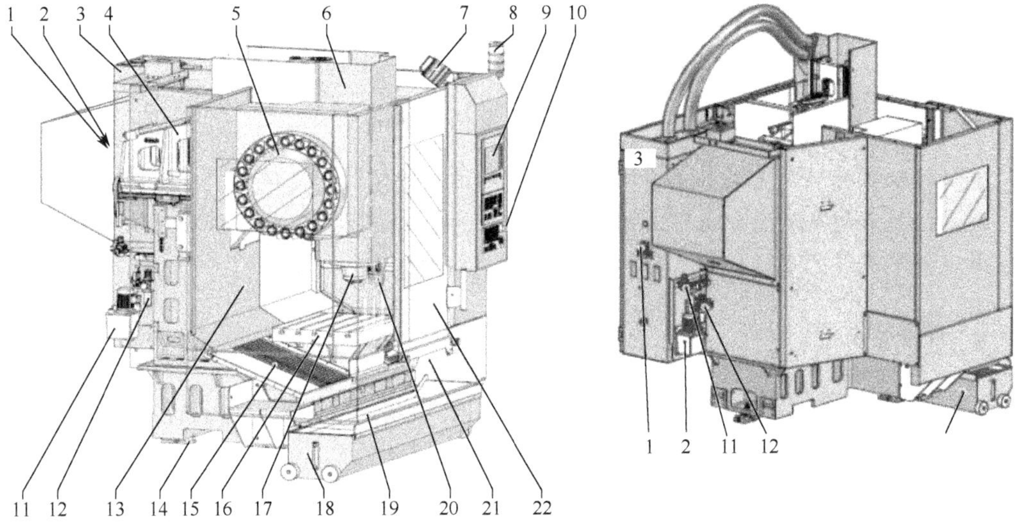

图 1-1-18　EMCOMILL E600 五轴机床的结构与组成

各部分名称如下。

1—Type plate　机床铭牌

2—Machine main switch（lockable）　机床主开关（可锁）

3—Switch cabinet　开关控制柜

4—Y slide　*Y* 轴滑轨

5—20-fold tool magazine　20 刀位的刀具库

6—Z slide with cover　带罩 *Z* 轴滑轨

7—Halogen working area lamp　加工区卤素灯

8—Alarm lamp（option）　警报灯（可选项）

9—Control　控制系统

10—EMERGENCY-OFF button　急停按钮

11—Central lubrication unit　中央（集中）润滑单元

12—Pneumatics, maintenance unit and valve　气动及保养单元和气阀装置

13—Working area　机床操作区

14—Levelling elements（accessory）　调水平元件（附件）

15—Lamellae cover for X slide　*X* 轨道防护罩

16—Milling table with X slide　带 *X* 轨道的铣削工作台

17—Milling spindle ISO40, type B　ISO 标准 B 型铣削主轴

18—Coolant tray　冷却液托盘

19—Draining metal sheet for chips　切屑金属滤液板

20—Coolant nozzles　冷却液喷嘴

21—Pneumatic cylinder for automatic chip protection door　自动机床防护门控制气缸

22—Machine door　机床防护门

任务 2　五轴机床的基本操作

任务描述

在数控加工领域，五轴加工中心机床以其加工精度高、加工范围广、加工效率高的特点，逐渐被越来越多的企业认可。这样一种精密的加工设备，怎样才能把它操动起来呢？这就是我们本次要完成的任务。

任务要求

1．熟悉五轴机床，能够按正确的操作步骤开、关机。

2．能够正确应用手动、编辑、加工等各种机床模式。

3．熟悉机床操作面板，能够根据具体要求进行程序的编辑、输入等操作。

4．能够在手动模式、MDA 模式（手动输入（数据）自动执行模式）下安全操作机床各个坐标轴运动。

任务实施

（一）相关知识

1．数控系统面板

数控系统面板如图 1-2-1 所示，图中为 SIEMENS840D 数控系统的操作界面及按键，其各按键功能见表 1-2-1。

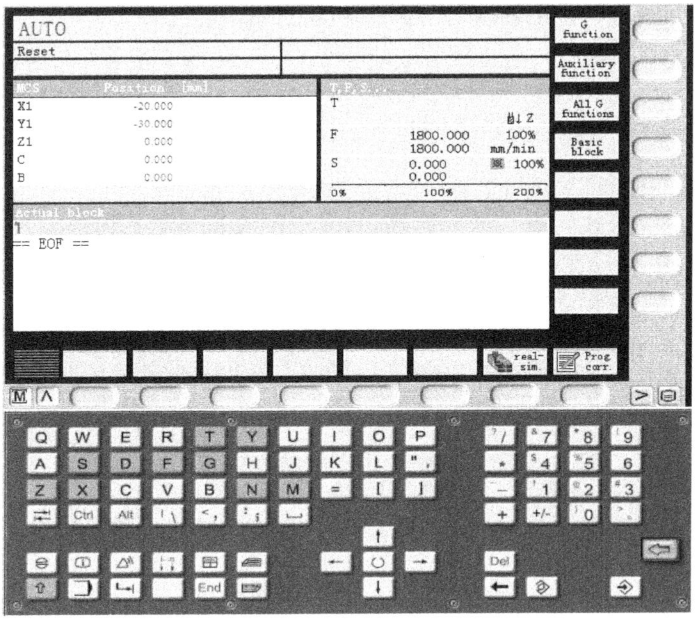

图 1-2-1　数控系统面板

表 1-2-1　SIEMENS840D 数控系统面板各按键功能

按键	名称	功　能
M	机床区域键	按此键，进入机床操作区域
Λ	返回键	关闭当前窗口，返回上级菜单
>	扩展键	同一个菜单级，菜单扩展
	区域转换键	按此键，可从任何操作区域返回到主菜单，以选择操作区域
	上挡键	对键上的两种功能进行转换。用了上挡键，当按下字符键时，该键上行的字符（除了光标键）就被输出
	报警确认键	
	帮助键	（本软件中无此功能）
	窗口选择键	若屏幕上显示多个窗口，使用该键可以激活下一个窗口（边框发亮），键盘输入只能在激活窗口内进行
↑ ← → ↓	光标键	用于移动光标位置
	翻页键	用此键可以逐页快速查看激活窗口内的信息
←	删除键	自右向左删除字符

续表

按键	名称	功　　能
␣	空格键	
○	选择键、锁定键、激活键	一般用于单选、多选框
	编辑键、取消键（undo）	
End	行末键	在编辑器中，该键使光标快速定位到行末
	输入键、回车键	（1）接受一个编辑值；（2）打开、关闭一个文件目录；（3）打开文件

2．机床控制面板（EMCO 公司 LM-600HD 机床），如图 1-2-2 所示

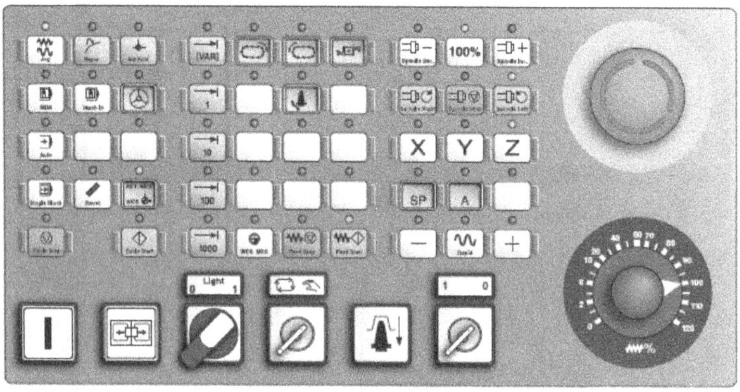

图 1-2-2　机床控制面板

（1）必要的说明。

① 对于不同的机床，控制面板的布局设计也会不同。

② 机床特别设计的控制面板按键都带有指示灯。指示灯显示对应的按键功能的执行状态。

指示灯暗	相对应的功能未激活（被关闭）
指示灯亮	相对应的功能已激活（被开启）
指示灯慢速闪烁	相对应该键的功能已被激活，但是由于控制状态不正确，导致该功能未被运行
指示灯快速闪烁	相对应的按键功能发生故障

（2）按键功能详解，见表 1-2-2。

表 1-2-2　按键功能详解

按键图标、名称	说　　明
I　辅助驱动系统开/关键（AUX ON/OFF） 开　按键亮 关　按键暗	此按键使机床辅助驱动系统处于准备就绪状态（液压系统，进给驱动，主轴驱动，润滑系统，排屑器，冷却液系统）； 此键必须按下超过 1s； 短按“AUX ON”（辅助驱动系统开）键打开机床辅助驱动系统，引发润滑系统脉冲；再按一下此键则关闭机床辅助驱动系统； 此按键只有在主轴和程序停止的时候才有效

续表

按键图标、名称		说　明
机床安全门开启键		要开启机床安全门必须按下此键；按下此键，机床安全门的锁紧销就会被解锁，机床安全门就能打开。 执行以上操作必须先满足以下条件： ① 所有的主轴驱动必须停止； ② 必须没有程序在执行
工作区照明按键		此按键控制工作区照明灯的开启和关闭
钥匙开关 特殊操作		此钥匙开关可以设定为“自动”和“设置”（手动）两个位置； 此钥匙开关允许机床在切屑防护门及主轴滑动门打开的时候执行某些危险的移动。 【警告】：特殊操作的启用会增加事故的危险性。只有熟知此特殊操作的危险性并能在操作中注意安全的经授权的人员才能够使用开关的钥匙； 在机床设置的过程中，保持切屑防护门及主轴滑动门关闭； 在执行完特殊操作之后将钥匙取下（以免发生危险事故）； 注意现场的安全制度（比如：SUVA，BG，UVV，……）
钥匙开关 数据保护		钥匙开关在位置 0 处：零件程序输入锁住；刀具磨损补偿可设置； 钥匙开关在位置 1 处：零件程序输入解锁；可进一步输入零点偏置、刀具几何数据，设置参数等
机床运行模式选择按键	点动模式	通过方向键或通过方向键或手轮的增量进给控制各轴方向的连续运动，以实现机床的常规运动
	重定位	重定位，在 JOG 模式（点动模式）状态下，重回外形轮廓
	参考点	在 JOG 模式状态下回参考点
	MDA 模式（手动输入自动执行模式）	通过执行一个输入的程序段或程序语句来控制机床。程序段用操作面板输入
	增量进给	以固定步进值 1、10、100、1000 执行增量进给
	变量增量进给	以变量步进值（所设定的值）执行增量进给
	自动模式	以自动执行程序的方式控制机床
	培训模式	在这台机床上不起作用
	手轮（handwheel）	此键激活或取消手轮控制机床运动
复位键		启动复位键则： 停止正在执行的程序； 清除除电源打开和撤销报警之外的报警及信息提示； 轨道被设置到复位状态，即 NC 控制与机床同步； 所有的中间加工存储记忆被删除（工件程序内容驻留内存）； 控制系统恢复基本设置，处于程序运行就绪状态

续表

按键图标、名称	说　明
 刀具松脱键	按下此键，主轴刀具夹紧系统被松开以便装夹或拆卸刀具。 此项功能仅在以下条件有效：主轴停转；机床安全门打开。 ⚠ **【警告】**：*刀具带有锋利的刃口，所以装卸刀具时必须戴适合的保护手套；在装卸时注意刀具的重量*
 单段运行键	此功能实现加工程序的逐段运行。 单段程序运行的功能在自动运行模式下开启； ① 在屏幕的通道栏上显示 SBL1 或 SBL2； **SBL1**：单段运行，在运行完每一段机床功能的指令段之后停止；在每一步实现机床加工的指令段之后停止加工(在计算程序段之后不停止)。 **SBL2**：在每一段程序段之后都停止。此项功能开启后运行如下：每一段程序逐段解码，每一段结束都停止。但是不包括非试切状态下的螺纹加工程序段，它只在螺纹加工完成后才停止。 ② 在加工中断的状态下，信息栏中显示“暂停，单段运行模式”。 按下循环开始键后开始单段程序的运行，每段程序运行完之后停止，下一段程序将在再次按下循环开始键后运行，再按一下单段运行键，取消此功能
 坐标系的显示键	此键实现机床坐标系及工件坐标系之间的转换。 机床坐标系是指依托于固定定义的机床坐标原点 *M* 的坐标系； 工件坐标系是指依托于任意设置的便于编程的工件坐标原点 *W* 的坐标系。 ● 指示灯暗　机床坐标系 MCS ○ 指示灯亮　工件坐标系 WCS
刀架旋转按键  顺时针旋转（转向下一个刀位）  逆时针旋转（转向上一个刀位）	按下这两个键中的任意一个，刀架旋转一个刀位的位置
 手动换刀键	按下此键，手动换刀开始。夹在主轴上的刀具被换下，换上的是刀架转到换刀位置的刀具。 注意运行条件：在 JOG 模式下；钥匙开关在“手动”位置上
 坐标系的显示键	按下此键，各轴运动到所设置的坐标系统轴上
 循环停止键（Cycle Stop）	按下循环停止键，机床正在运行的加工程序将被立即停止。此后再按下循环开始键继续机床加工
 循环开始键（Cycle Start）	按下循环开始键，所选择的程序将从当前段开始运行
 进给停止键	在自动操作模式下，此键使程序的轨道进给停止
 进给开始键	按下此键，暂停的机床进给继续运行。 如果主轴也已暂停，必须先开启主轴旋转
 冷却液键	此键用于打开或关闭冷却液设备

续表

按键图标、名称	说　明
 主轴调速键	主轴的实际转速以绝对数值及百分比数值显示在屏幕上。此键对于主轴、副主轴及动力刀具有效。 设置范围：主轴编程转速的 50%～120%； 调节步长：每次按键调节 5%； 100%键：100%主轴速度
 主轴停止键	此键使主轴暂停，如果此时机床正在做进给运动，必须先停止机床的进给运动
 主轴正转、反转键	这两个键使程序中的主轴继续旋转。 旋转方向：顺时针旋转；逆时针旋转
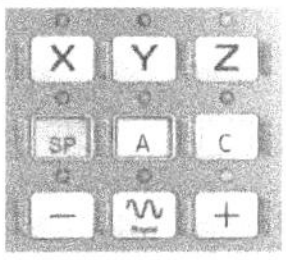 各轴的运动控制键	在 JOG 模式下，通过按轴选择键，开启各轴的轴向进给； 通过按对应轴的方向键（+/–）来实现被选择激活轴的进给
 快速进给键	按下此键及轴的方向键，相对应的轴实现快速轴向进给，只有在切屑保护门关闭的时候才能实现滑轨的快速进给
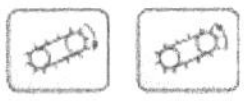 排屑器键（可选项）	把排屑器调至向前或返回运动状态，经过一段时间（时间长度由生产商确定），排屑器会自动关闭
 进给调速键	此旋转开关有 12 个位置可用于调整程序中编制的进给速度；所选择的进给速度的百分比值将显示在屏幕上。 设置范围：程序编制的进给速度的 0%～120%；在快速进给时，速度不超过 100%
 急停开关	此开关只在紧急情况下开启。 作用：按下急停开关后，通常所有的驱动以最快的负加速度停止。 急停开关的解锁：旋转该急停开关。 要继续机床操作，按以下键：复位键，辅助驱动系统开键，机床安全门开启键。 【注意】：在每次开机以后都要检验机床急停开关是否有效（见“开/关机步骤”）
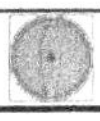 机床主开关	功能：0—机床关闭；1—机床开启

（二）操作实践

1．EMCO 公司 LINEARMILL-600HD 五轴加工中心机床的开机。开机操作步骤参见表 1-2-3。

表 1-2-3　LINEARMILL-600HD 五轴加工中心的开机操作步骤

步骤	操　作	说　明
1	机床开机	打开电器柜处的主开关（电器柜风扇开启）
2	按急停开关	按下控制面板上的急停开关并检查屏幕上是否显示出急停状态
3	将急停开关解锁	按复位键取消急停状态 【警告】：如果屏幕上没有显示出急停状态，机床将无法开启

续表

步骤	操　作	说　明
4	打开辅助驱动系统	按下“AUX ON”（辅助驱动系统开）键至少 1s（主驱动风扇开启，坐标轴激活）
5	按下循环开始键，各滑轨回参考点	控制系统自动调至自动模式；在按下“Cycle Start”（循环开始）键之后，所有的轴相继回参考点。 【注意】：所有的轴在回参考点之后软件限位开关将被激活，机床在长时间（几个小时）停机后，重新开启机床时一定要进行预热，以使主轴轴承达到适合的温度

2．EMCO 公司 LINEARMILL-600HD 五轴加工中心主轴的预热循环。

当主轴停止状态超过 8 个小时时，就必须进行机床预热，预热步骤参见表 1-2-4。

表 1-2-4　预热步骤

步骤	操　作	说　明
1		选择 JOG 模式
2	T,S,M	按下”T，S，M”键，显示界面如图 1-2-3 所示
3	2 3 4 INPUT	在“其他 M 功能”指令行中输入数字 234，然后按下“输入键”确认（输入 M 指令 M234）
4		按下循环开始键，主轴预热开始，预热最长时间在 8～15min。只有预热完成，主轴才能进行切削加工。 【警告】：在机床预热循环的过程中，主轴将达到它的最大转速，所以，必须确认机床夹持的刀具是能在主轴高速转动下保持平衡的刀具，开启机床并回参考点

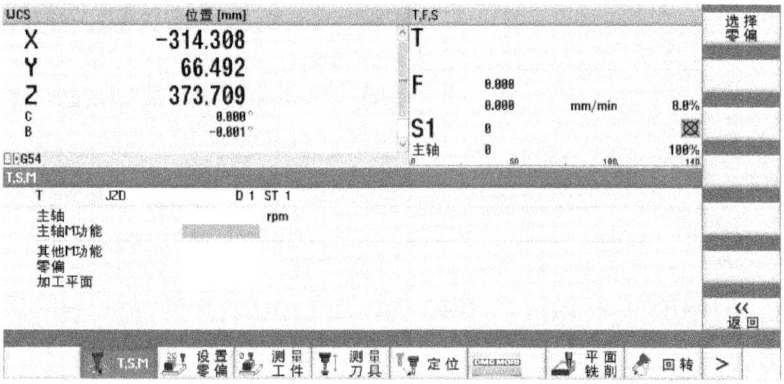

图 1-2-3　“T，S，M”显示界面

3．德玛吉 DMU50 五轴机床的开机。

德玛吉 DMU50 五轴机床的开机操作步骤参见表 1-2-5。

表 1-2-5　DMU50 五轴机床的开机操作步骤

步骤	操作	说　明
1		打开机床主开关
2		旋开机床急停开关
3		按下控制面板上的“ON”按钮
4		激活回零模式，按循环开始键，刀库回零
5		按下机床安全门开启键，机床开始内部测试。信息栏无报警信息，开机成功，如图 1-2-4 所示

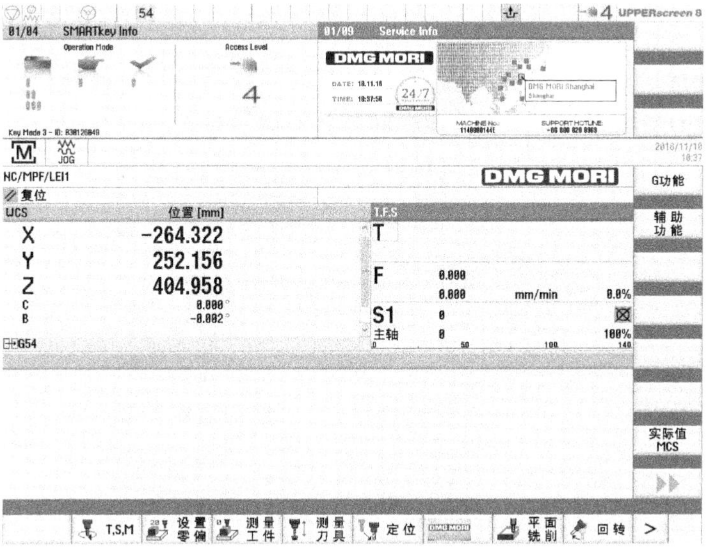

图 1-2-4　开机成功画面

4．在手动模式下，控制机床坐标轴的运动。

（1）运行模式选择 JOG 模式“”。

（2）确认机床安全门闭锁，如果安全门解锁，需要在运行方式“2、3、4”下按确认键。

（3）分别按机床各轴的运动控制键，移动相应的坐标轴。

在控制机床运动时，观察机床坐标轴的移动，注意各个运动轴的正、负方向。思考上一个任务所提示的坐标系的确定原则：“刀具相对于静止工件而运动的原则”。

5．将加工程序传输到机床。

对于西门子 840D 系统来说，由计算机生成的 NC 程序可以有多种方法传输到数控系统：第一，可以利用数控系统的网络接口，由局域网将已经生成的 NC 程序传输到数控系统，进行加工；第二，可以利用数控系统的 USB 接口，使用 U 盘将 NC 程序复制到数控系统，进行后续的工件加工操作。

这里重点介绍使用 USB 接口将生成的 NC 程序复制到数控系统的方法。USB 接口位于数控系统的侧面，如图 1-2-5 所示。DMU50 五轴机床在数控系统的侧面提供 4 个 USB 接口，可以任意选择一个接口插入 U 盘，如图 1-2-6 所示。

图 1-2-5　USB 接口

图 1-2-6　插入 U 盘

具体操作步骤如下。

（1）将需要传输到数控系统的 NC 程序复制到 U 盘中，注意文件目录中不要出现中文字符。

（2）将 U 盘插入数控系统侧面的 USB 接口。

（3）按机床控制面板上的“ ”键，数控系统显示界面如图 1-2-7 所示。

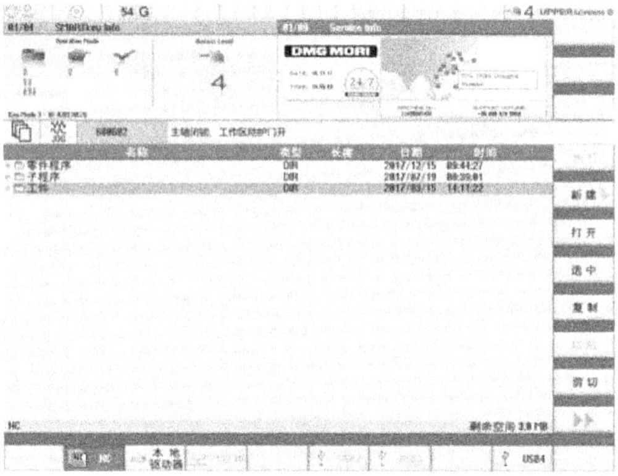

图 1-2-7　数控系统显示界面

（4）可以看到图 1-2-7 所示界面下方，“USB4”软键显示为黑色，表示可用，按下“USB4”下方所对应的按键。数控系统会进入显示 U 盘内容的界面，如图 1-2-8 所示。

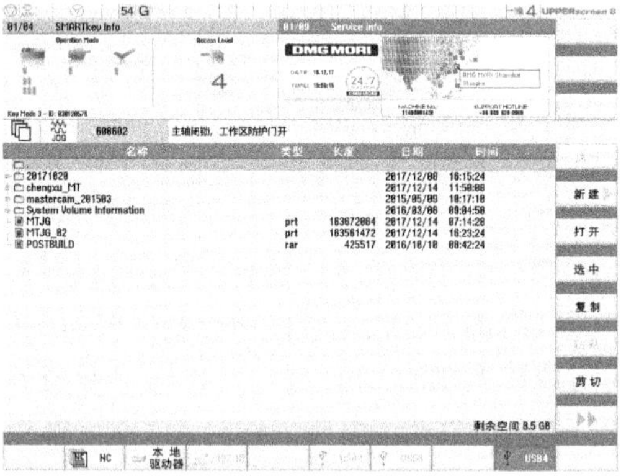

图 1-2-8　显示 U 盘内容的界面

（5）移动控制面板上的光标键，选择要复制到数控系统的 NC 程序，然后按屏幕右侧的"选中"键，再按"复制"键。

（6）选择屏幕下方的"NC"或"本地驱动器"键，然后移动光标键确认将NC程序放在系统的文件夹下。接着，选择屏幕右侧的"粘贴"按键，所选择的NC程序即可复制到指定的位置，如图1-2-9所示。

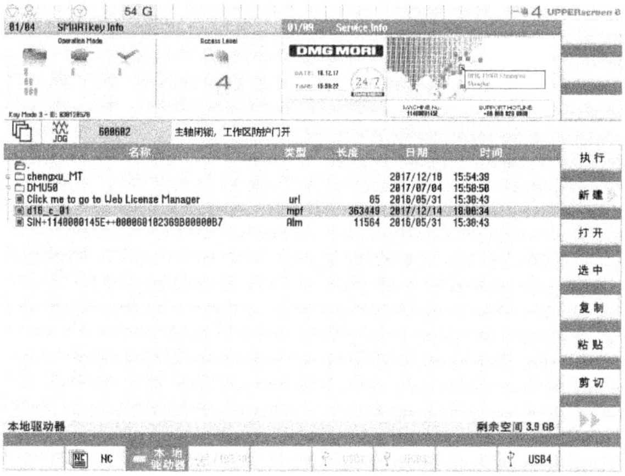

图 1-2-9　复制NC程序到指定的位置

这样，就完成了将NC程序复制到数控系统的过程。

任务评价

按照表1-2-6，请自己、本组成员、教师分别对本次任务的实施完成情况进行评价，并做好记录。

表 1-2-6　多元评价表

序号	评价指标		自我评价			小组评价			教师评价		
			☺	😐	☹	☺	😐	☹	☺	😐	☹
1	专业技术能力	熟悉操作面板									
2		能正确开机									
3		能正确手动控制各轴运动									
4		会将NC程序传输到数控系统									
5	职业方法能力	具备自我学习的能力									
6		具备信息处理的能力									
7		具备数字应用的能力									
8	职业社会能力	具备与人交流的能力									
9		具备与人合作的能力									
10		具备解决问题的能力									
11	总评										

任务总结

根据本次任务的学习、实践情况，结合任务评价，对完成任务的情况进行总结。

技能拓展

通过手动移动机床各运动轴的操作，结合教师指导及查阅相关资料，写出使用机床手轮控制各轴运动的简要步骤。

任务3　五轴加工中心的对刀

任务描述

一个工件在加工之前，需要先确定刀具长度补偿值和建立工件坐标系，使刀尖相对于工件有一个确定的位置，本次任务就是要正确地完成这个过程。

任务要求

1. 能够正确装载刀具和卸载刀具。
2. 能够正确测量刀具长度，并设置刀具长度补偿。
3. 能够按步骤正确设定工件坐标系。

任务实施

（一）相关知识

在加工中心机床上，对刀就是确定刀具长度补偿值和建立工件坐标系，使刀具相对于工件有一个确定的位置的过程。

1. 刀具长度

在五轴加工中心中，一般把刀具安装在主轴上，刀尖到机床主轴端面的距离称为刀具长度，如图1-3-1和图1-3-2所示。

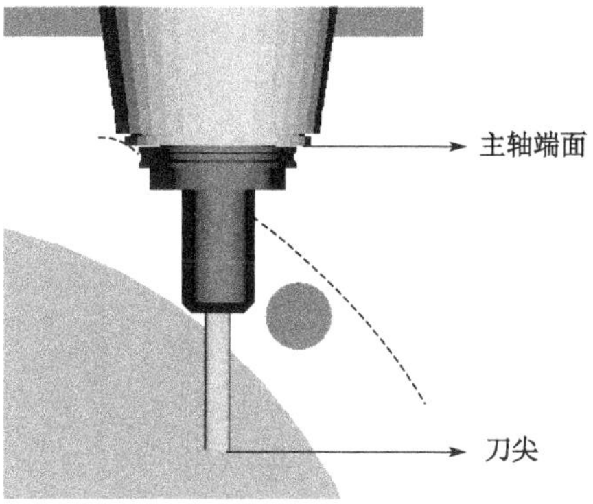

图1-3-1　刀具长度示意图

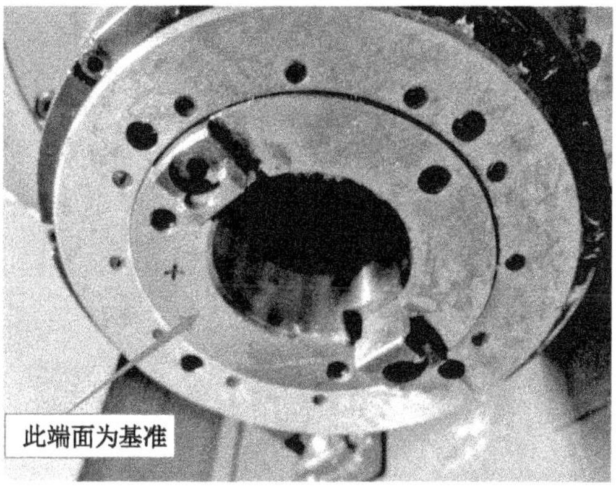

图1-3-2　主轴端面位置

2. 刀具长度补偿

对于加工中心机床，刀具安装在主轴上，由于刀具长度不同，装刀后刀尖所在位置也不同，这给工件坐标系的设定带来了困难。在没有刀具长度补偿的情况下，每换一次刀就要重新设定工件坐标系，不然就会产生 Z 向过切或欠切现象，甚至撞刀。使用刀具长度补偿可以有效解决这一问题，提升加工中心机床的加工效率。

3．刀具长度补偿值的设定

如图 1-3-3 所示，打开机床“刀具表”界面，图中圈起来的数字就是要设定的刀具长度补偿值。可以机内自动测量，也可以机外测量后直接输入数据。

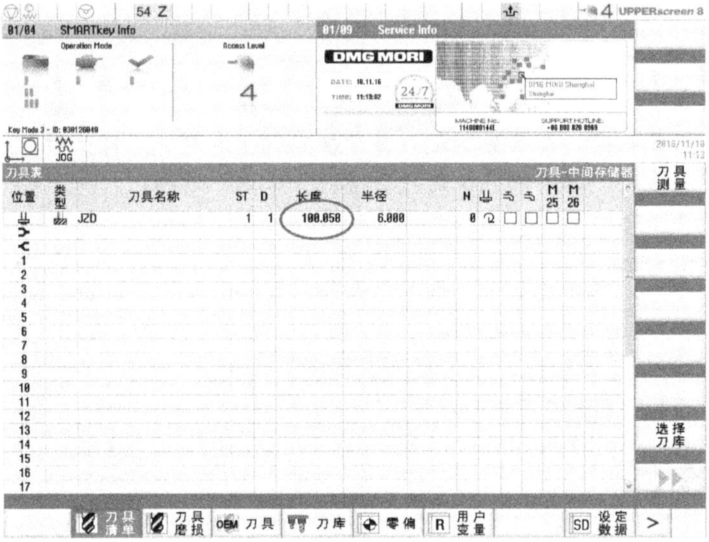

图 1-3-3　“刀具表”界面

4．工件坐标系的设定

如图 1-3-4 所示，打开“零点偏移”界面，将工件坐标系零点位置的机床坐标值写入图中 G54 一栏对应的“X、Y、Z、C、B”中即可完成对应坐标轴的工件坐标系的设定。

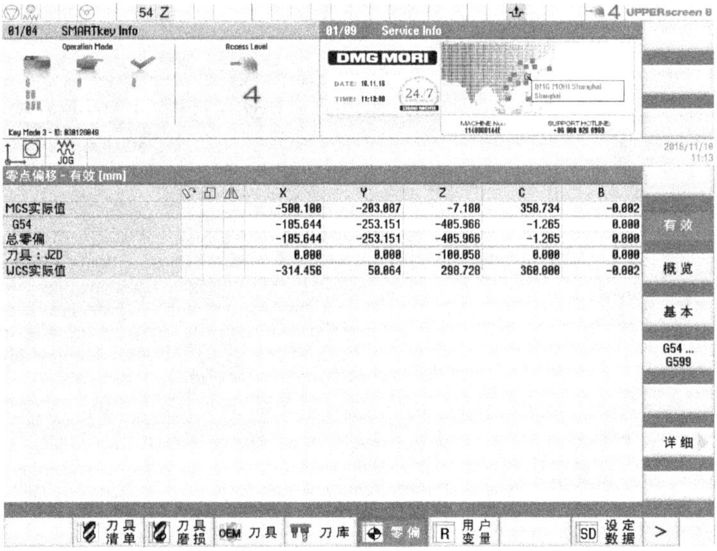

图 1-3-4　“零点偏移”界面

（二）操作实践

1．装载刀具。

装载刀具是指将所要使用的刀具安装到机床上的过程。在 DMU50 五轴机床上，可以装载刀具到刀库中，也可以将刀具直接安装到机床主轴上。如果要使用自动换刀，则需要将刀具装载到刀库中。这里重点介绍将刀具装载到刀库中的方法，具体操作步骤如下。

（1）在控制面板上按“ ”键，系统屏幕会显示“刀具表”界面，如图 1-3-5 所示。

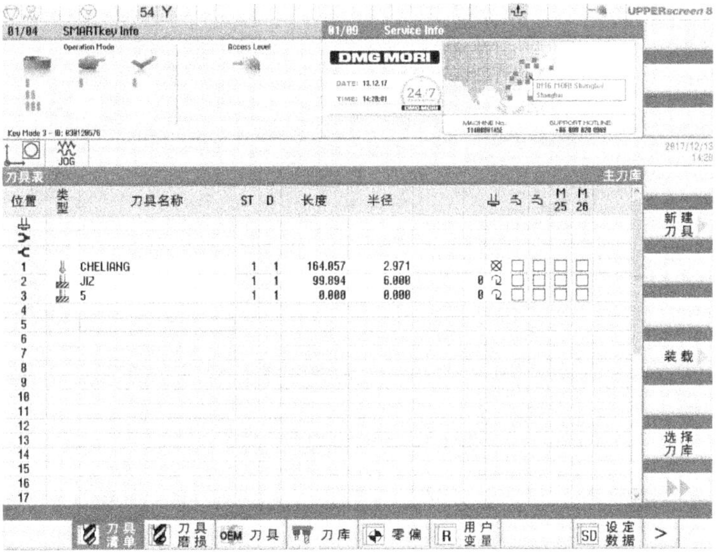

图 1-3-5 “刀具表”界面

（2）通过控制面板上的光标键，移动光标到刀具表的最下行，按屏幕右侧的“新建刀具”键，系统显示如图 1-3-6 所示界面。根据安装的刀具类型选择对应的刀具，例如，选择“立铣刀”，然后单击屏幕右侧的“确认”键，进入“新建刀具”界面。

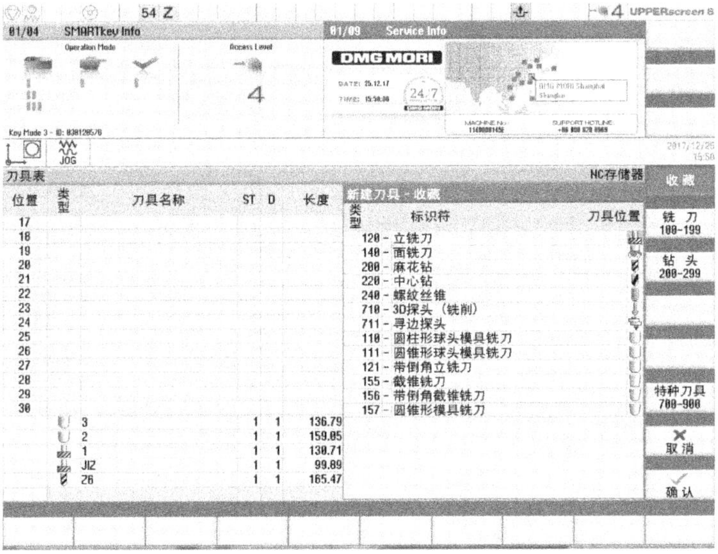

图 1-3-6 “新建刀具”界面

（3）输入刀具名称，如“D10”，然后单击屏幕右侧的“装载”键，系统会弹出如图 1-3-7 所示的对话框，提示刀具装载到刀库的具体刀位号码。

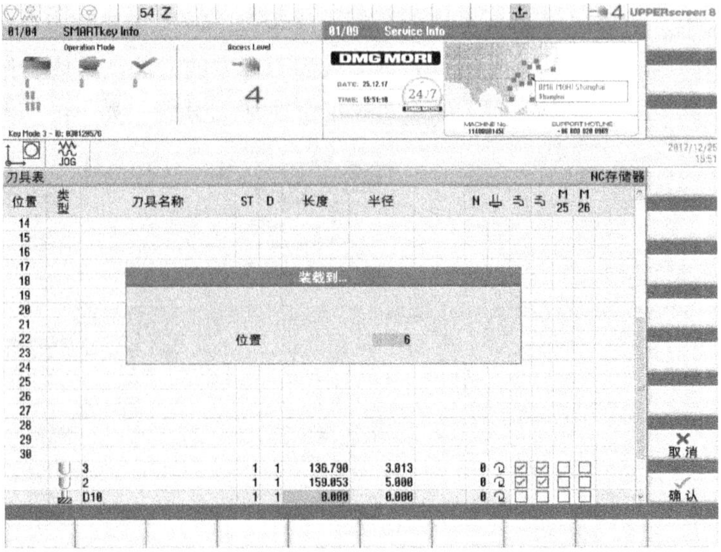

图 1-3-7　装载刀具位置

（4）在图 1-3-7 所示界面中，单击屏幕右侧的“确认”键，系统显示“在打开/关闭铰链门之后确认上料过程”的提示，刀库门解锁。打开刀库门，将刀具安装到对应的刀库位置上，关闭刀库门。

（5）此时，系统显示界面如图 1-3-8 所示，刀具已经成功装载到指定的刀库位置。

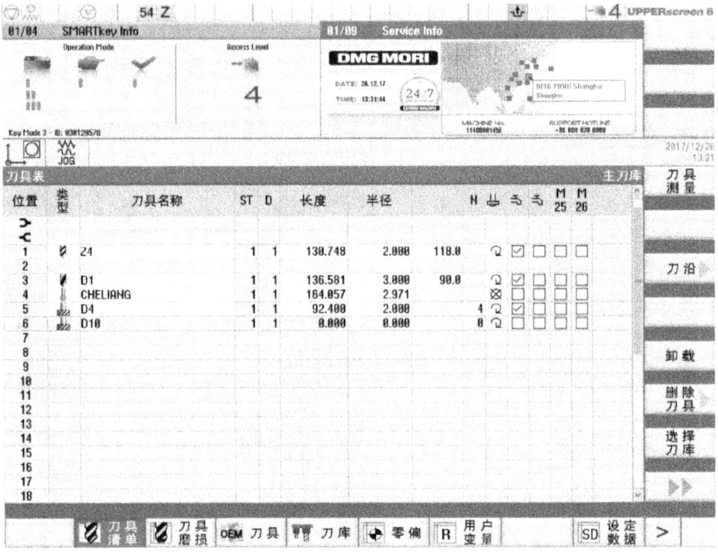

图 1-3-8　装载刀具完毕

2．卸载刀具。

卸载刀具是指将装载到机床上的刀具从刀库或主轴上拆下来的过程。这里重点介绍从刀库卸载刀具，具体操作步骤如下。

（1）在控制面板上按“ ”键，系统屏幕会显示“刀具表”界面，在这里列出了当前机床刀库中已经装载的刀具信息，如图 1-3-8 所示。

（2）通过控制面板上的光标键，移动光标到需要卸载的刀具上。然后单击屏幕右侧的

“卸载”键。

（3）系统屏幕会显示“在打开/关闭铰链门之后确认上料过程”的提示信息，提示我们所要卸载刀具已经在拆卸位置，刀库门解锁，如图 1-3-9 所示。按照提示，打开刀库门，拆卸刀具，拆卸完毕关好刀库门。

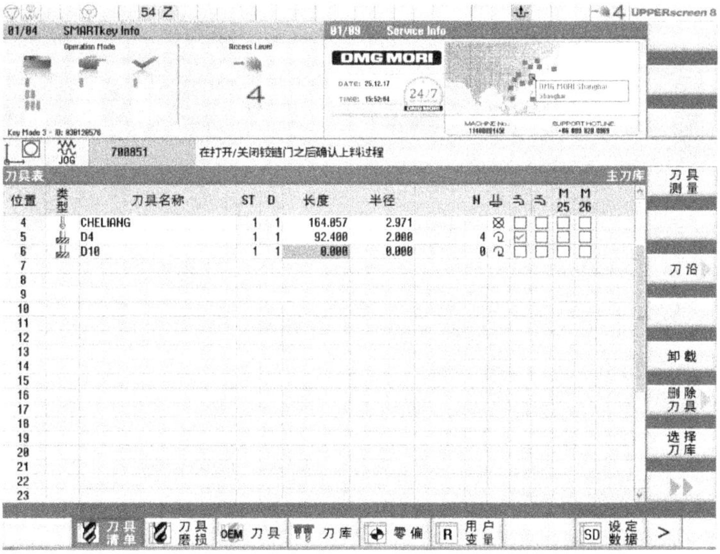

图 1-3-9　卸载刀具

（4）完成卸载刀具，刀具信息会显示在刀具表下面无位置信息行，表示刀具已经卸载，如图 1-3-10 所示。

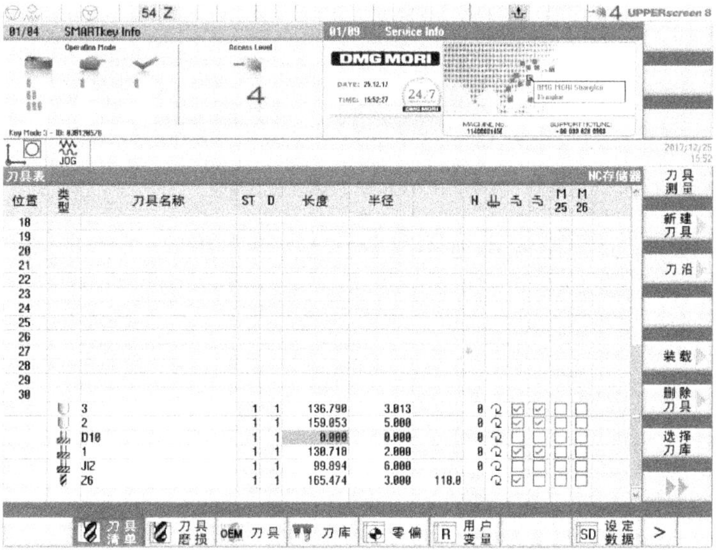

图 1-3-10　刀具卸载完毕

3．测量刀具长度。

测量刀具长度可以使用对刀棒、*Z* 轴设定仪（图 1-3-11）、标准块进行测量，也可以选择通过机内对刀仪或机外对刀仪测量。

这里以使用机内对刀仪（图 1-3-12）自动测量刀具长度为例，介绍测量刀具长度的方法，具体操作步骤如下。

图 1-3-11　Z 轴设定仪

图 1-3-12　机内对刀仪

（1）调出要测量刀长的刀具到机床主轴上，并移动刀具至机内对刀仪上方约 20mm 处。

（2）在机床操作面板上按“ ”键。

（3）在机床屏幕显示界面的下方，按“测量刀具”键，如图 1-3-13 所示。

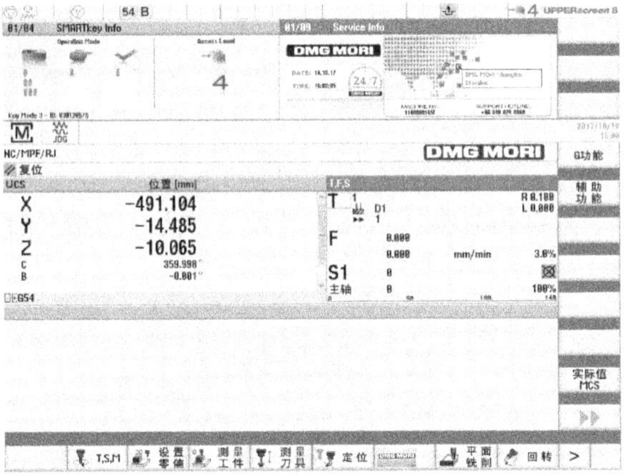

图 1-3-13　机床屏幕显示界面

（4）按下“测量刀具”键之后，打开如图 1-3-14 所示的界面，按右侧的“长度自动”键。

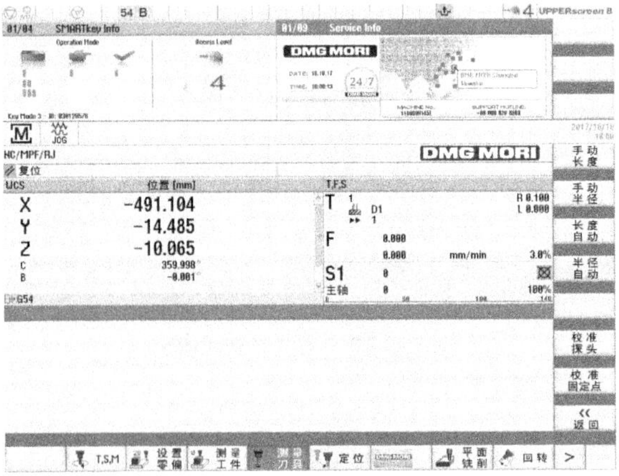

图 1-3-14　测量刀具界面

（5）按下“长度自动”键后，显示如图 1-3-15 所示的界面，检查刀具号等刀具数据是否与要测量的信息一致。

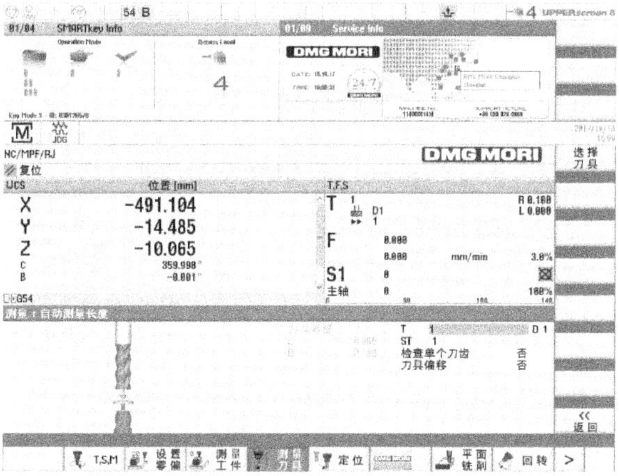

图 1-3-15　检查刀具信息

（6）按下机床面板上的“”键（循环开始键）。系统会自动动作，测量刀具长度，并将测量结果保存到刀具表中的“长度”数据列。

刀长的自动测量方法如上所述，至于刀具半径可以直接输入到刀具表中，也可以使用机内对刀仪测量，具体方法与测量刀具长度类似，这里不再赘述。

4．设定工件坐标系的原点为矩形凸台中心。

刀具测量完毕之后，还需要设定工件坐标系，对于目前使用的西门子 840D 系统五轴机床来说，设定工件坐标系通常先将两个旋转轴（如 *B*、*C* 轴）设定好，然后找正（方法与三轴基本一致）。

这里以 DMU50 五轴机床为例，重点介绍使用 3D 测头来自动设定工件坐标系的方法。

如图 1-3-16 所示为雷尼绍的 3D 测头调到机床主轴上的画面。3D 测头在五轴机床上找正工件坐标系的过程如下。

（1）将工件装夹到机床工作台上，校正工件的 *X* 向与机床 *X* 轴平行，输入当前 *C* 轴机床坐标到工件偏置 G54 中，*B* 轴机床坐标设为 0。

（2）调出 3D 测头到机床主轴上，并移动到要测量的工件的中心上方，中心位置为目测的大约位置即可（工件尺寸为：长 260mm，宽 50mm，高 50mm）。

（3）*Z* 向移动 3D 测头，使 3D 测头与工件上表面距离约 20mm，如图 1-3-17 所示。

图 1-3-16　3D 测头

图 1-3-17　测头位置

（4）在机床操作面板上按“ ”键。

（5）在机床屏幕显示界面的下方，按“测量工件”键，如图 1-3-18 所示。

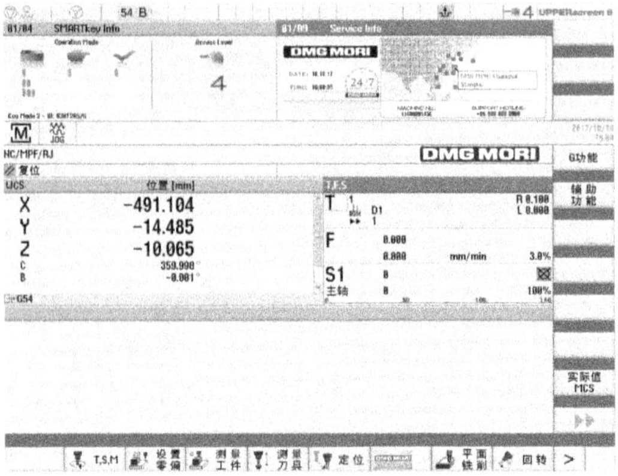

图 1-3-18　测量工件

（6）在接下来机床屏幕显示界面的右侧，单击“ ”键，如图 1-3-19 所示。

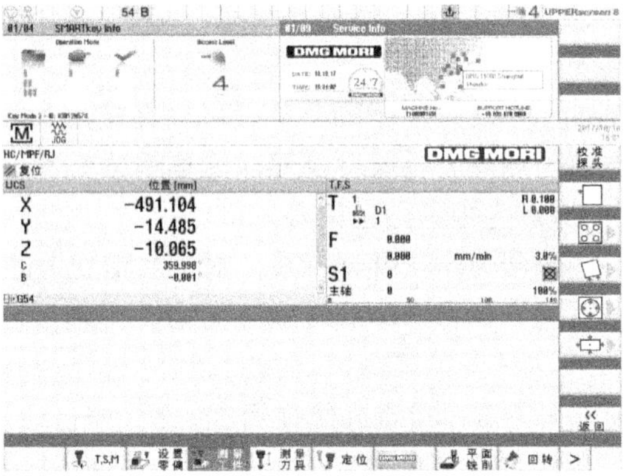

图 1-3-19　测量工件类型

（7）进入矩形凸台测量界面，如图 1-3-20 所示，在这个界面中分别输入参数：“零偏”为 G54（测量结果保存到 G54 坐标系中），“L”为 260（要测量工件长度值），“W”为 50（要测量工件宽度值），“DZ”为 30（3D 测头测量时从当前位置下移的距离值）。

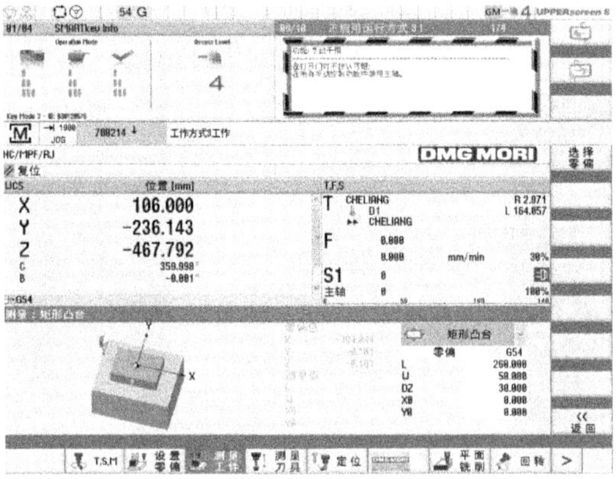

图 1-3-20　测量矩形凸台中心

（8）设定好各个参数后，按下机床面板上的“ ”键（循环开始键），系统会自动开始动作，测量工件 *X*、*Y* 两个方向的中心坐标，并把测量结果自动保存到 G54 工件坐标系中。

（9）要完成工件坐标系的设定，还需要设定 Z_0（Z 轴的坐标原点）的位置。在图 1-3-19 所示界面中单击屏幕右侧的“ ”键，进入如图 1-3-21 所示界面。

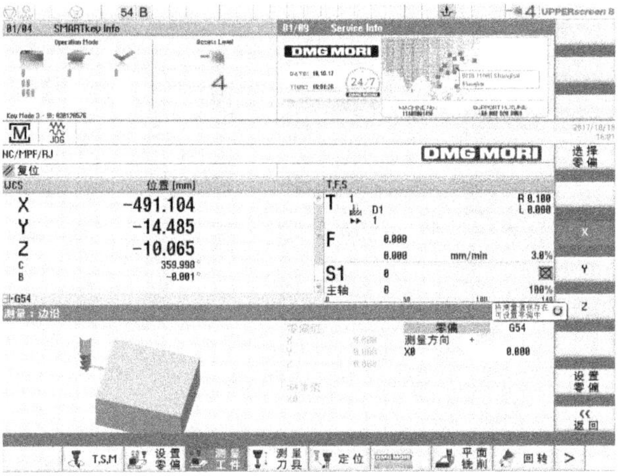

图 1-3-21　单方向测量

（10）单击屏幕右侧的“ Z ”键，进入图 1-3-22 所示界面。

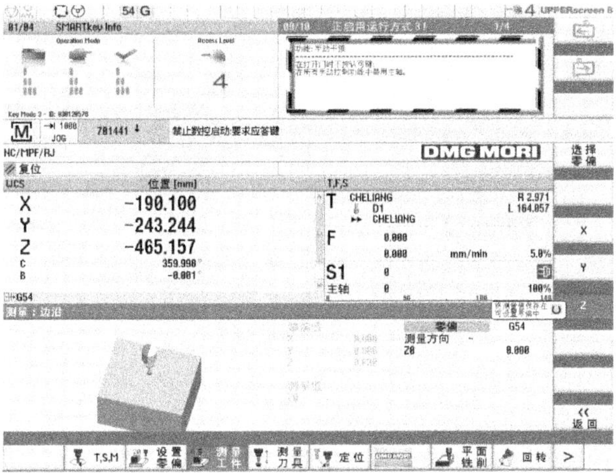

图 1-3-22　*Z* 向测量

（11）移动 3D 测头至工件上表面约 15mm 处，按下机床面板上的“ ”键（循环开始键）。系统会自动开始动作，测量工件上表面的 *Z* 坐标，并把测量结果自动保存到 G54 工件坐标系中。

（12）完成工件坐标系的设定后，可以在“零点偏移”界面中观察工件坐标系的设定值，如图 1-3-23 所示。

5．找正圆柱凸台或圆孔中心。

在西门子 840D 数控系统中，使用 3D 测头可以找正不同形状的工件，如圆柱凸台、圆孔等。操作步骤与找正矩形凸台类似，只是需要在如图 1-3-24 所示的界面中，把“测量工件”选择框中的“矩形凸台”切换成“一个圆形凸台”或“一个孔”等需要测量的形状即可。其余参数按照提示输入具体值，按循环开始键即可完成找正。

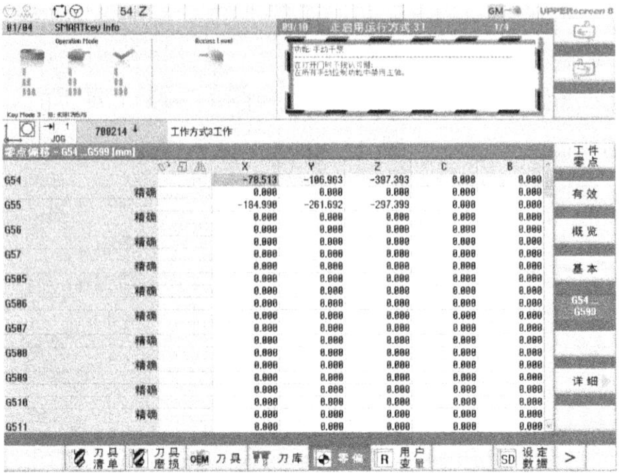

图 1-3-23　工件坐标系

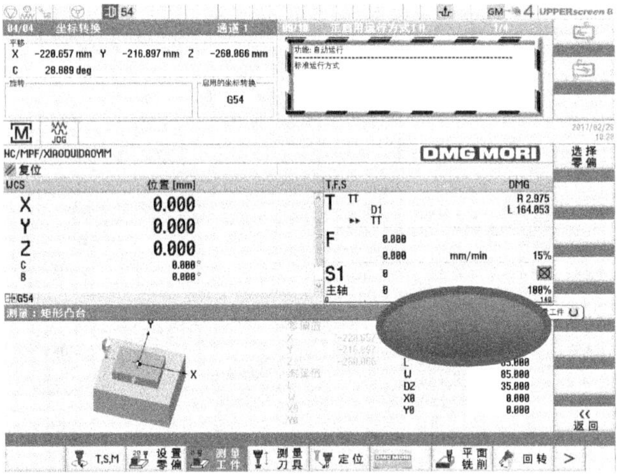

图 1-3-24 测量类型

任务评价

按照表 1-3-1，请自己、本组成员、教师分别对本次任务的实施完成情况进行评价，并做好记录。

表 1-3-1　多元评价表

序号	评价指标		自我评价			小组评价			教师评价		
			☺	😐	☹	☺	😐	☹	☺	😐	☹
1	专业技术能力	能装载刀具									
2		能卸载刀具									
3		会测量刀具长度									
4		会设定工件坐标系									

续表

序号	评价指标		自我评价			小组评价			教师评价		
			😊	😐	☹	😊	😐	☹	😊	😐	☹
5	职业方法能力	具备自我学习的能力									
6		具备信息处理的能力									
7		具备数字应用的能力									
8	职业社会能力	具备与人交流的能力									
9		具备与人合作的能力									
10		具备解决问题的能力									
11	总评										

任务总结

根据本次任务的学习、实践情况，结合任务评价，对完成任务的情况进行总结。

技能拓展

1．西门子 840D 数控系统程序管理。

（1）目录结构。

目录结构包含：🗀 目录，🗎 程序。

程序管理器目录如图 1-3-25 所示。在第一次调用程序管理器时，所有的目录前都有一个“+”加号。只有在第一次查看后，空目录前的“+”加号才被删除。表中列出的目录和程序具有以下信息。

图 1-3-25　程序管理器目录

① 名称。

名称最大允许有 24 个字符。允许使用的字符为所有的大写字母、数字和下画线。

② 类型。

目录：WPD；

程序：MPF；

子程序：SPF；

初始化程序：INI；

工作表：JOB；

刀具数据：TOA；

刀库数据：TMA；

零点：UFR；

R 参数：RPA；

全局用户数据/定义：GUD；

设定数据：SEA；

保护区：PRO；

悬垂度：CEC。

③ 大小（以字节为单位）。

④ 设置或上次更改的日期/时间。

（2）激活的程序。

当前选中的程序即激活的程序标有绿色符号，如图 1-3-26 所示。

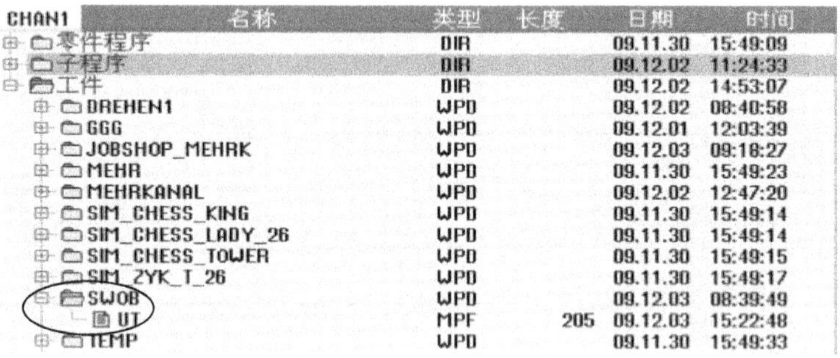

图 1-3-26　激活的程序

2．练习找正圆形凸台中心的操作步骤。

在教师的指导下，参考找正矩形凸台中心的操作步骤，练习找正圆形凸台上表面中心为工件坐标系原点的操作，并记录操作步骤至表 1-3-2 中。

表 1-3-2　找正圆形凸台中心的操作步骤

步骤序号	操作内容	注意事项

续表

步骤序号	操作内容	注意事项

项目二

多轴加工仿真验证

任务1 Vericut软件的安装

任务描述

学习软件前，我们先学习Vericut软件的相关知识，只有对Vericut软件的发展、功能，以及如何安装进行了解，才能更好地学习该软件。

任务要求

1. 熟悉Vericut软件的相关知识。
2. 熟悉Vericut软件的安装步骤。
3. 熟悉对Vericut文件的保存。
4. 掌握软件安装时的注意事项。

任务实施

（一）相关知识

Vericut软件是美国CGTECH公司开发的数控加工仿真系统，由NC程序验证模块、机床运动仿真模块、优化路径模块、多轴模块、高级机床特征模块、实体比较模块和CAD/CAM接口等模块组成，软件开启画面如图2-1-1所示。该软件可仿真数控车床、铣床、加工中心、线切割机床和多轴机床等多种加工设备的数控加工过程，也能进行NC程序优化，缩短加工时间、延长刀具寿命、改进表面质量，检查过切、欠切，防止机床碰撞、超行程等错误；具有真实的三维实体显示效果；可以对切削模型进行尺寸测量，并能保存切削模型供检验切削加工工序；具有CAD/CAM接口，能实现与UG、CATIA及MasterCAM等软件的嵌套运行。Vericut软件目前已广泛应用于航空航天、汽车、模具制造等行业，其最大特点是可仿真各种CNC系统，既能仿真刀位文件，又能仿真CAD/CAM后置处理的NC程序，其整个仿真过程包含程序验证、分析、机床仿真、优化和模型输出等。

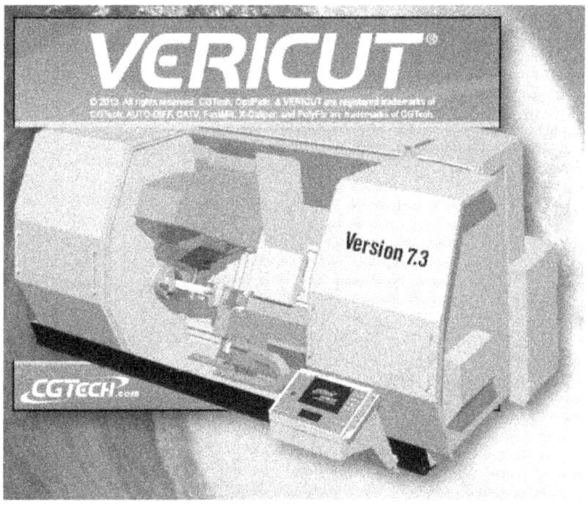

图 2-1-1　Vericut 7.3 软件开启画面

（二）操作实践

安装 Vericut 软件。

1．在计算机里找到并打开 Vericut 7.3 软件安装包的文件夹 vericut_v73 。

2．双击 install 文件进行安装（图 2-1-2）。

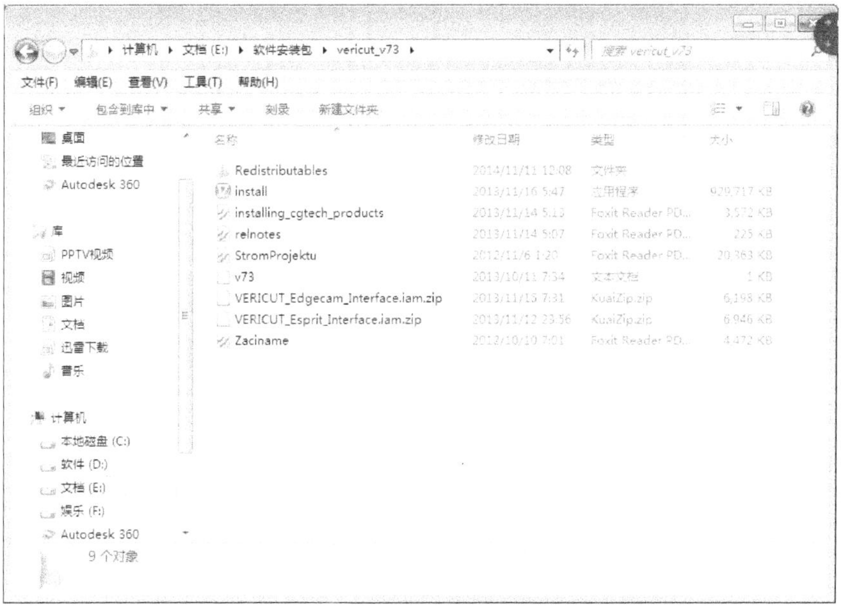

图 2-1-2　双击 install 文件

3．出现“InstallAnywhere”对话框，进行安装前的自检准备，如图 2-1-3 所示。

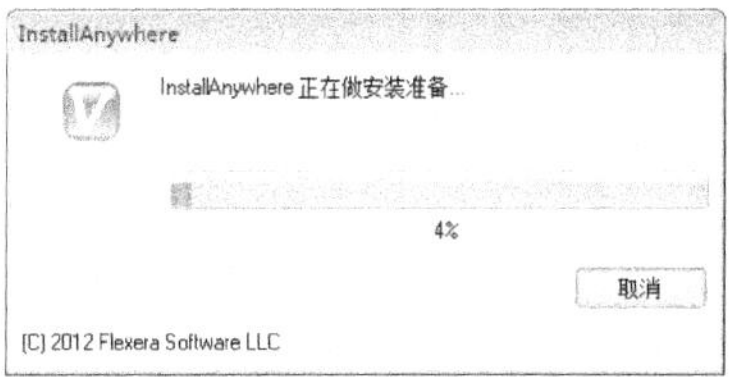

图 2-1-3　“InstallAnywhere”对话框

4．安装时根据个人喜好选择安装的语言版本，单击“OK”按钮确认，如图 2-1-4 所示。

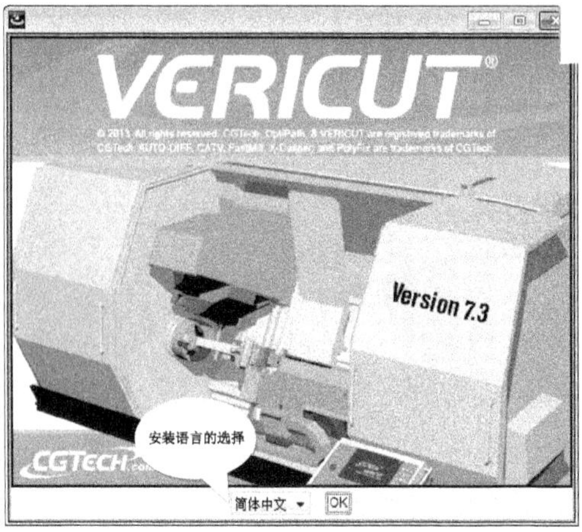

图 2-1-4　选择安装语言

5．单击“下一步”按钮，出现 Vericut 7.3 软件安装前的简介，如图 2-1-5 所示。

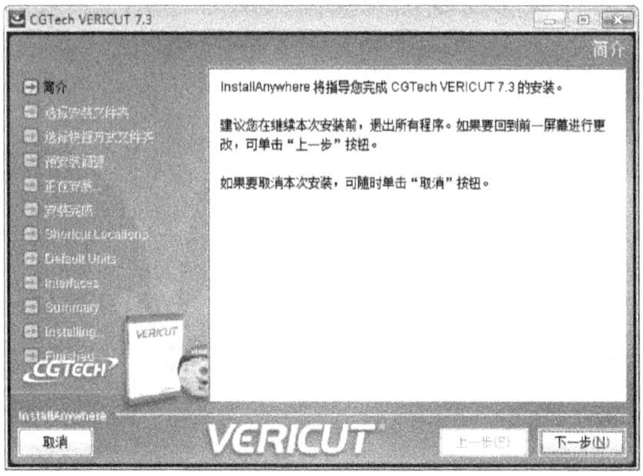

图 2-1-5　Vericut 7.3 软件安装前的简介

6．出现 Vericut 7.3 软件许可协议后，选择“我接受许可协议条款”再单击“下一步”按钮，如图 2-1-6 所示。

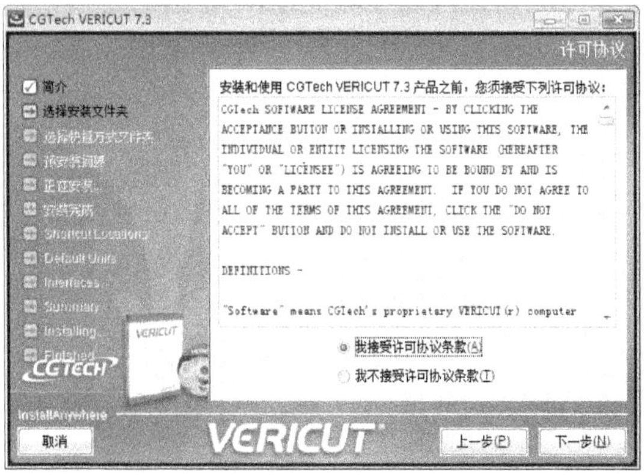

图 2-1-6　选择“我接受许可协议条款”

7．在“选择安装文件夹”的对话框中，选择软件的安装位置，单击“下一步”按钮，如图 2-1-7 所示。

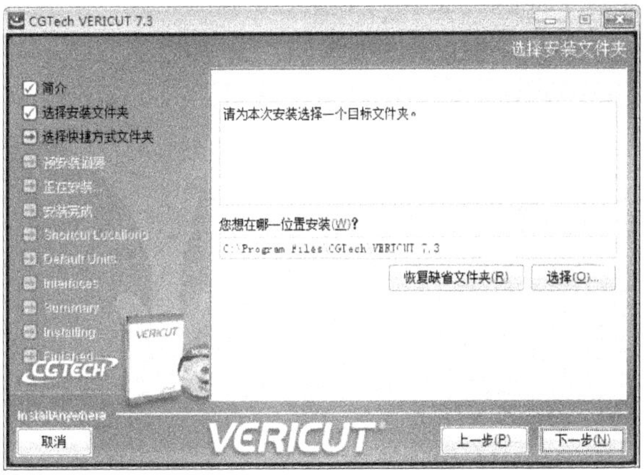

图 2-1-7　选择软件的安装位置

8．安装时选择“Full”，即全部安装，如图 2-1-8 所示。

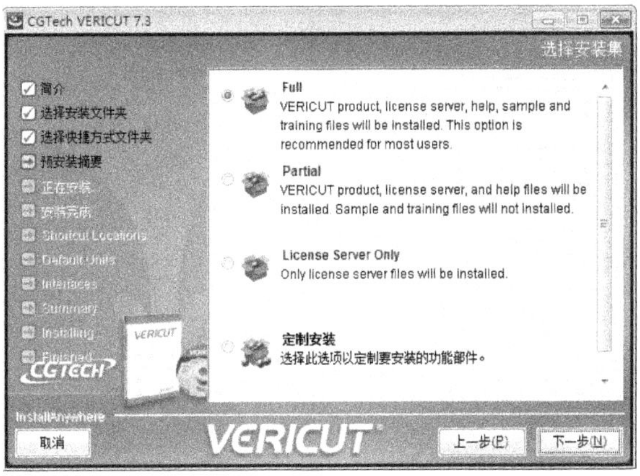

图 2-1-8　选择“Full”

9．根据个人计算机的位数选择 32 位或 64 位进行安装，如图 2-1-9 所示。

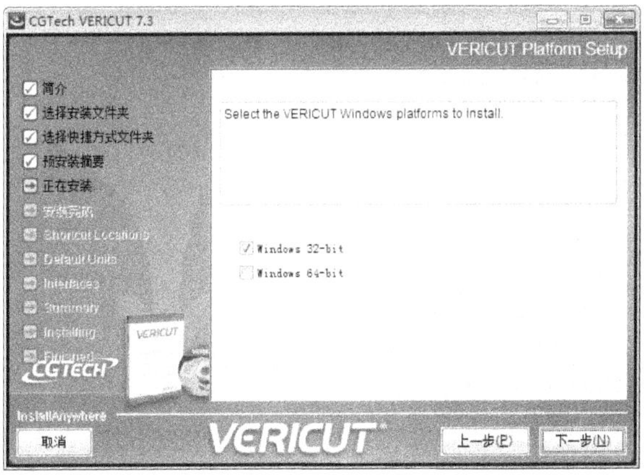

图 2-1-9　选择 32 位或 64 位进行安装

10．设定计算机名，如图 2-1-10 所示。

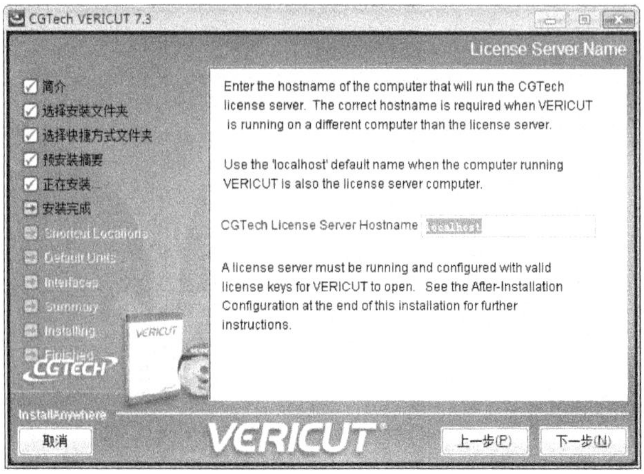

图 2-1-10　设定计算机名

11．选择“In a Program Group”，单击“下一步”按钮，如图 2-1-11 所示。

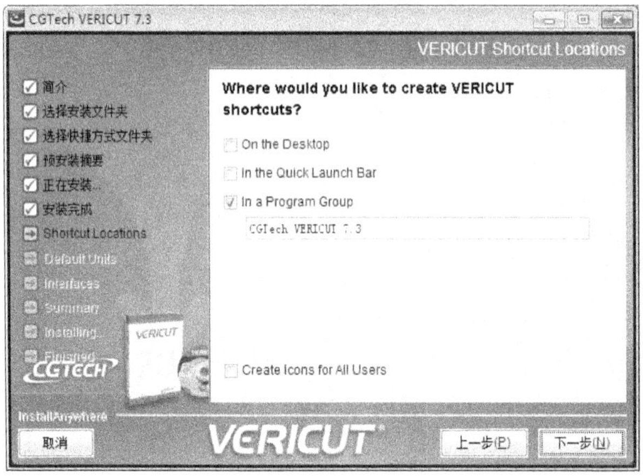

图 2-1-11　选择“In a Program Group”

12．选择“1) VERICUT”，单击“下一步”按钮，如图 2-1-12 所示。

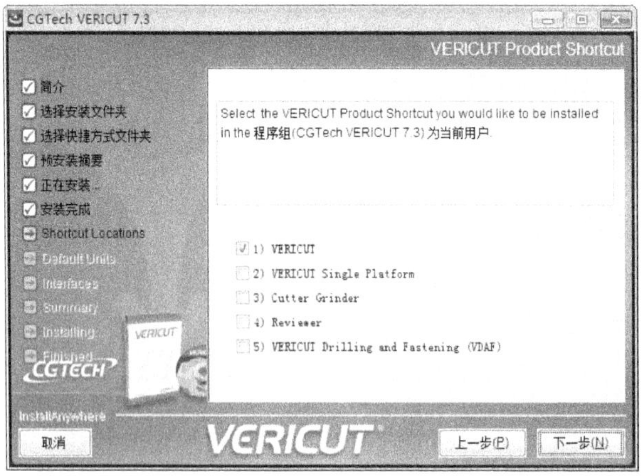

图 2-1-12　选择“1) VERICUT”

13．选择“2) Millimeter”后单击“下一步”按钮，如图 2-1-13 所示。

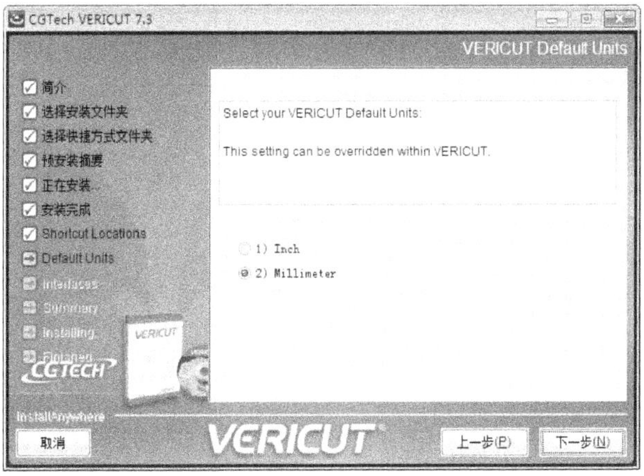

图 2-1-13　选择“2) Millimeter”

14．在出现的界面中，不用选择安装，直接单击“下一步”按钮，如图 2-1-14 所示。

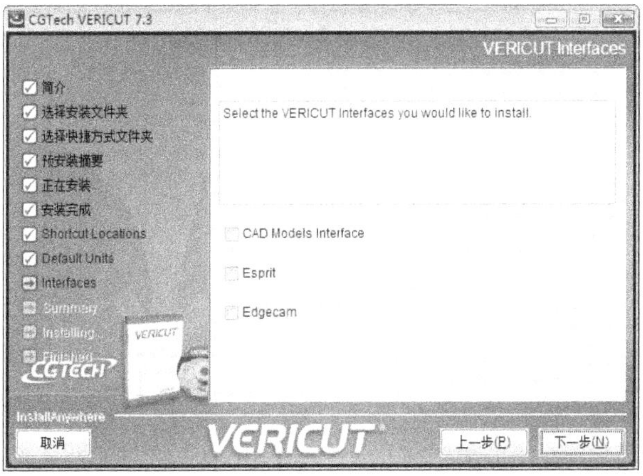

图 2-1-14　单击“下一步”按钮

15．准备工作全部完成，单击“安装”按钮进行安装，如图 2-1-15 和图 2-1-16 所示。

图 2-1-15　准备工作全部完成

图 2-1-16　正在安装

16．安装完成，如图 2-1-17 和图 2-1-18 所示。

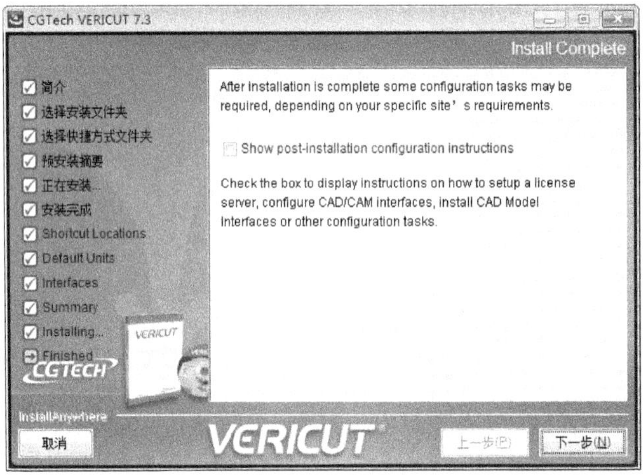

图 2-1-17　安装进行中

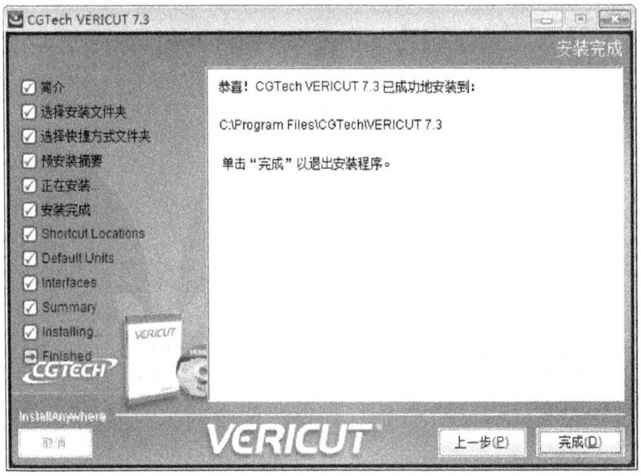

图 2-1-18　安装完成

任务评价

通过学习安装 Vericut 软件，以小组为单位，在个人计算机里安装软件，安装完成后相互检查软件安装是否正确，并作出评价，完成表 2-1-1。

表 2-1-1　多元评价表

序号	评价指标		自我评价			小组评价			教师评价		
			☺	😐	☹	☺	😐	☹	☺	😐	☹
1	专业技术能力	了解软件相关知识									
2		能够进行软件安装									
3		会选择保存路径									
4	职业方法能力	具备自我学习的能力									
5		具备信息处理的能力									
6		具备数字应用的能力									
7	职业社会能力	具备与人交流的能力									
8		具备与人合作的能力									
9		具备解决问题的能力									
10	总评										

任务总结

根据本次任务的学习、实践情况，结合任务评价，对完成任务的情况进行总结。

任务 2　Vericut 软件的基本功能介绍

任务描述

通过学习 Vericut 软件，掌握 Vericut 软件的一些基本操作。（图 2-2-1 所示为 Vericut7.3 软件的桌面快捷图标。）。

任务要求

1．熟悉 Vericut 软件的工作界面和功能。
2．了解 Vericut 软件在加工前模拟仿真中的重要性。
3．熟悉对 Vericut 文件的保存。

图 2-2-1　Vericut7.3 软件的桌面快捷图标

任务实施

（一）相关知识

1．Vericut 软件

Vericut 软件是全世界 NC 验证软件的领导者。使用 Vericut 软件可在产品实际加工之前仿真 NC 加工过程，以检测刀具路径中可能存在的错误，并可用于验证 G 代码和 CAM 软件的输出结果，Vericut 软件可在 UNIX、Windows 等系统下运行。

Vericut 软件系统的主要功能：常规工件的模拟、验证与分析，刀具路径最佳化，机床模拟与控制器系统仿真。

（1）常规工件的模拟、验证与分析。

Vericut 软件用于交互模拟 2～5 轴铣、钻、车、线切割加工操作时易于识别和更正的引起撞坏零件、破坏夹具或折断刀具的错误，并在模拟过程中执行过切侦测。Vericut 软件可将切削零件与设计原型进行比较，以识别差异，保证加工后的零件满足设计意图，使用者可以建构任意工具、夹具或刀杆形状，作任意旋转、剖视图，以及测量零件尺寸。

常规工件的模拟、验证与分析有以下优点。

- 节省时间和成本。
- 减少程序错误。
- 提高工厂生产率。
- 提供更好的档案管理。

（2）刀具路径最佳化。

根据切削条件与 NC 工具的能力，Vericut 软件的 OptiPath 模块可自动修正 NC 程序，使其更快、更高效地工作。OptiPath 模块的工作原理非常简单：在少量切削时加快切削进给率，大量切削时降低进给率，把切削传动分成小段，根据材料切削量，OptiPath 模块只决定每一段的理想进给率，而不会改变刀具路径，新的加工信息会自动加入新的刀具路径文件中。

刀具路径最佳化的优点如下。

- 减少 50%或更多的加工时间，可最佳化切削进给。
- 改善加工面质量。
- 增加生产效率。
- 减少机械和刀具磨损。
- 减少操作人员的工作量。

（3）机床模拟与控制器系统仿真。

利用仿真加工，可以消除程序中的错误，如切伤工件、损坏夹具、折断刀具或碰撞机床；可以减少机床的加工时间，减少实际的切削验证，减少废品和重复工作；可以大幅度提高加工效率，改善加工质量，并降低生产成本，对现代制造业的发展具有重要意义。数控仿真软件可以解决以下问题。

- 验证数控程序的正确性，减少零件首件调试风险，增加程序的可信度。
- 模拟数控机床的实际运动，检查潜在的碰撞错误，降低机床碰撞的风险。
- 优化程序，提高加工效率，延长刀具寿命。

根据在 Vericut 软件仿真中遇到的不同问题，可以对数控程序进行修改，降低废品率和生产成本。

2. Vericut 软件的工作界面和功能

Vericut 软件是一款专为制造业设计的 CNC 数控机床加工仿真和优化软件。Vericut 软件取代了传统的切削实验工件方式，通过模拟整个机床的加工过程和校准加工程序的准确性，来帮助用户清除编程错误和改进切削效率。Vericut 软件是仿真加工软件，可以模拟 G 代码程序，包括子程序、宏程序、循环、跳转、变量等；Vericut 软件也能仿真机床加工，进行碰撞检查，仿真后能对切削模型尺寸进行分析，还能对切削速度进行优化，并输出仿真结果模型，以及生产工艺文件报表。

Vericut 软件的工作界面如图 2-2-2 所示。

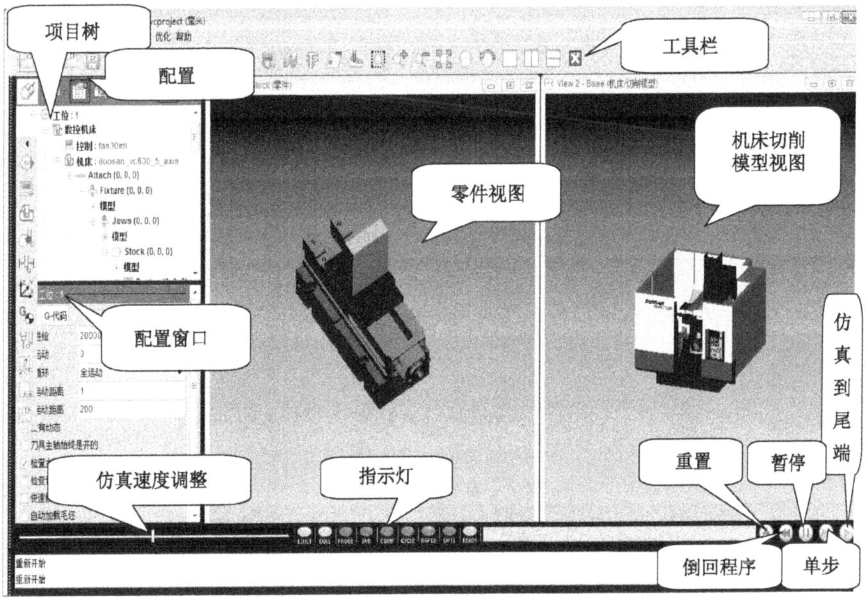

图 2-2-2　Vericut 软件的工作界面

用户可根据自己的习惯改变功能界面的操作风格，如图 2-2-3 所示。

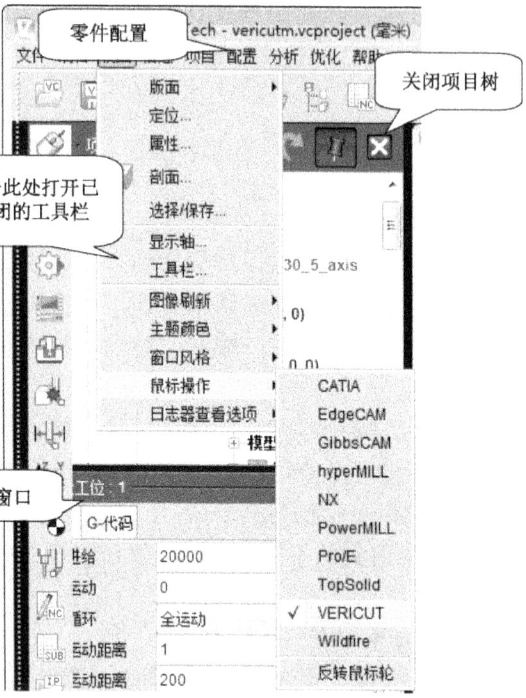

图 2-2-3　功能界面

【注意】：为了方便操作，应先熟悉软件中的各个按钮和指令。

3．文件的保存

保存文件的操作方法如下：单击“配置”→“控制”→“保存控制文件”菜单命令；如果要更改保存路径，可以单击“另存控制文件”菜单命令，然后选择要保存到的文件夹，如图 2-2-4 所示。

单击“信息”→“文件汇总”菜单命令，如图 2-2-5 所示，打开的“文件汇总”窗口如图 2-2-6 所示。

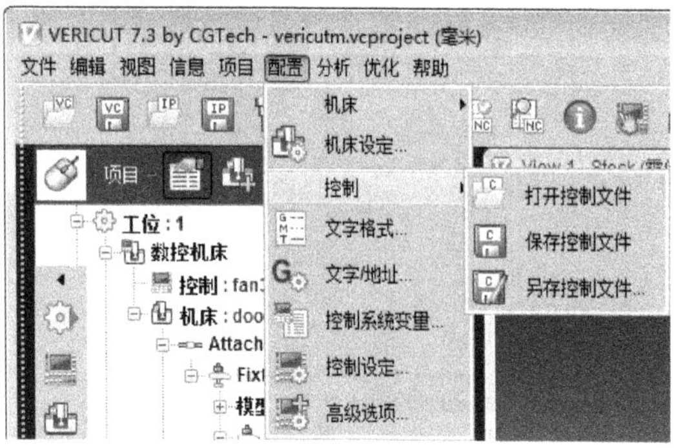

图 2-2-4　保存文件

图 2-2-5　“文件汇总”命令

图 2-2-6 “文件汇总”窗口

单击“文件汇总”窗口中的“ ”（复制所有文件）图标，系统弹出“复制文件到”对话框，如图 2-2-7 所示。

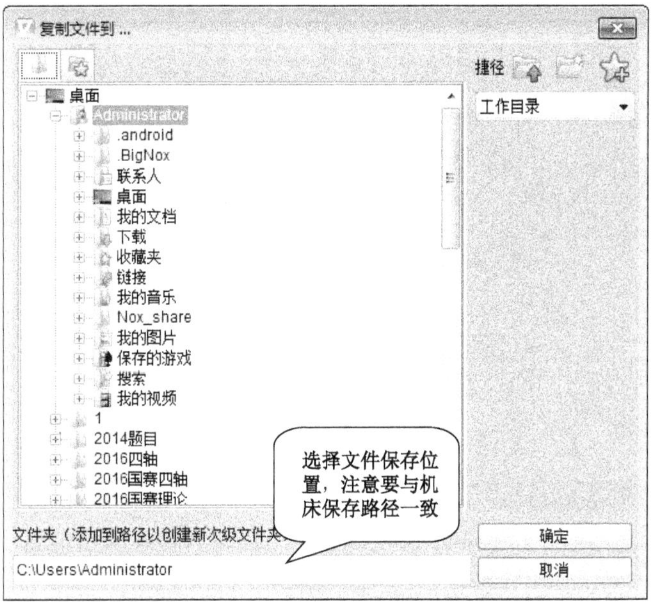

图 2-2-7 “复制文件到”对话框

单击“确定”按钮，系统弹出提示对话框，如图 2-2-8 所示，单击“所有全是”按钮，关闭“文件汇总”窗口。

最后单击“文件”→“保存项目”或“另存项目为”菜单命令，如图 2-2-9 所示，更改保存路径，然后单击“关闭”按钮即可；或者直接关闭，此时的保存路径一般默认为“个人文件夹”。

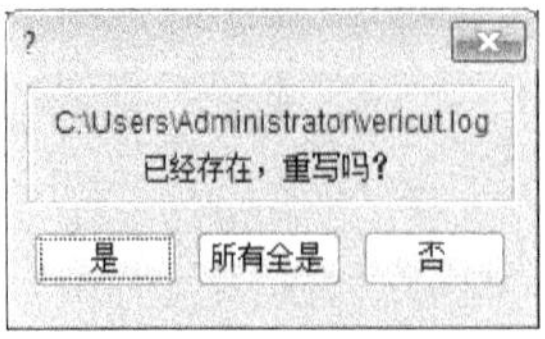

图 2-2-8　是否确定

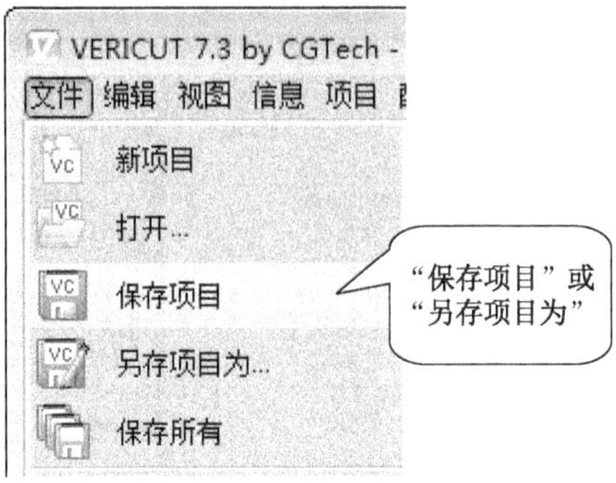

图 2-2-9　保存项目

（二）操作实践

1．实训目的。

（1）通过对 Vericut 软件菜单的操作，加快对软件的熟悉。

（2）学习对文件的保存，避免因软件闪退或死机现象造成的文件丢失。

2．任务实施。

（1）打开 Vericut 软件，Vericut 7.3 软件的主界面如图 2-2-10 所示，单击各菜单，了解各菜单的功能，如图 2-2-11 所示。

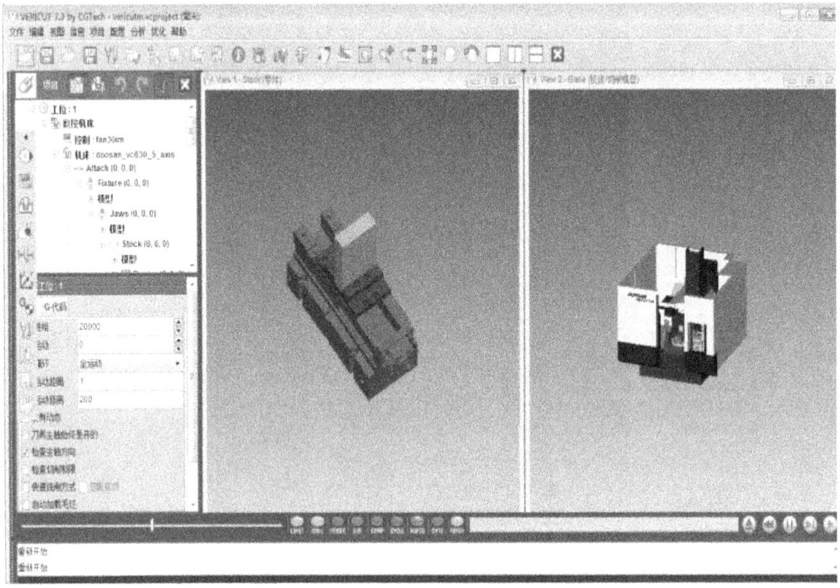

图 2-2-10　Vericut 7.3 软件的主界面

图 2-2-11　菜单

（2）将鼠标移动到图标上可显示图标的名称，通过此方法，熟悉各图标的功能，如图 2-2-12 所示。

（3）通过单击鼠标右键打开快捷菜单，熟悉快捷菜单中的相关命令和提示对话框，如图 2-2-13 所示。

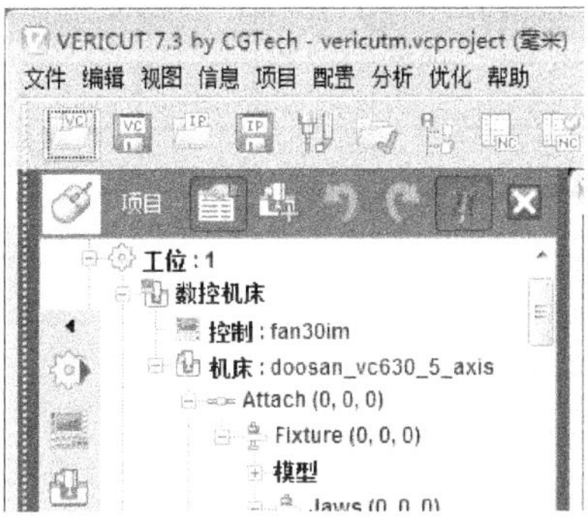

图 2-2-12　熟悉各图标功能

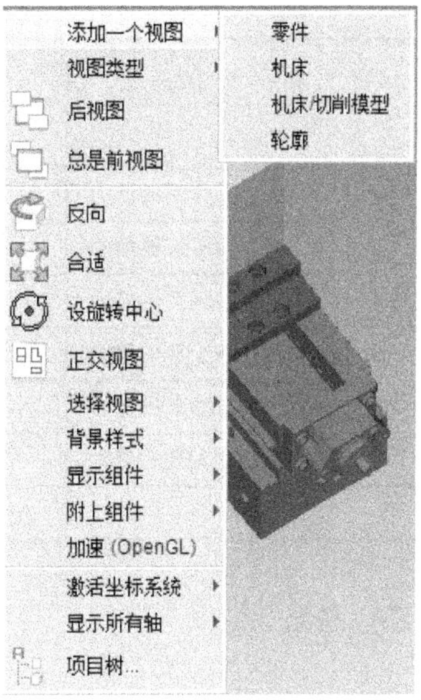

图 2-2-13　快捷菜单

（4）对软件进行一次保存操作，并根据保存文件的要求，填写保存步骤工艺卡。

序号	保 存 步 骤
1	
2	
3	
4	
5	
6	
7	

严格按照制订的工艺路线进行操作，遇到困难时可通过小组讨论的方式进行解决。

任务评价

根据操作实践环节中每个小组、每个同学的表现，从 3 个观察角度、不同的评价指标分别给予客观的评价，填写表 2-2-1。

表 2-2-1　多元评价表

序号	评价指标		自我评价			小组评价			教师评价		
			☺	😐	☹	☺	😐	☹	☺	😐	☹
1	专业技术能力	熟悉软件									
2		能够利用软件进行模拟仿真									
3		能够进行软件的保存									

续表

序号	评价指标		自我评价			小组评价			教师评价		
			☺	😐	☹	☺	😐	☹	☺	😐	☹
4	职业方法能力	具备自我学习的能力									
5		具备信息处理的能力									
6		具备数字应用的能力									
7	职业社会能力	具备与人交流的能力									
8		具备与人合作的能力									
9		具备解决问题的能力									
10	总评										

任务总结

1．各组总结本次任务中出现的主要问题和难点及其解决方案，撰写总结报告。

2．指导教师总结本次课程的重点和学习实践过程中发现的普遍性问题，并进行记录。

技能拓展

【提问】：文件另存为时需要注意什么？和正常文件的保存有什么区别？
请利用课余时间查找相关资料，并写在下面，看谁的最完整！
［提示：可以通过网络查询，或者查询 Vericut 软件的技术资料及书籍等。］

任务 3　应用系统中的三轴机床仿真

任务描述

通过学习 Vericut 软件，掌握 Vericut 软件中的三轴机床模拟仿真加工。

任务要求

1．能够调用系统中的三轴机床模型文件和系统文件。
2．掌握毛坯的添加和修改方法。
3．理解刀具的添加和修改。
4．掌握数控程序的导入。
5．掌握零件模型的导入。

任务实施

（一）相关知识

1．调用系统中的三轴机床

（1）机床的选择。打开应用程序，双击“项目”，选择“样本”中的“3_axis_mill_fanuc”类型，如图 2-3-1 所示。

图 2-3-1　选择机床

（2）控制系统的选择。双击“数控机床”中的“控制”，在“控制系统库”中选择所需要的控制系统，如图 2-3-2 所示。

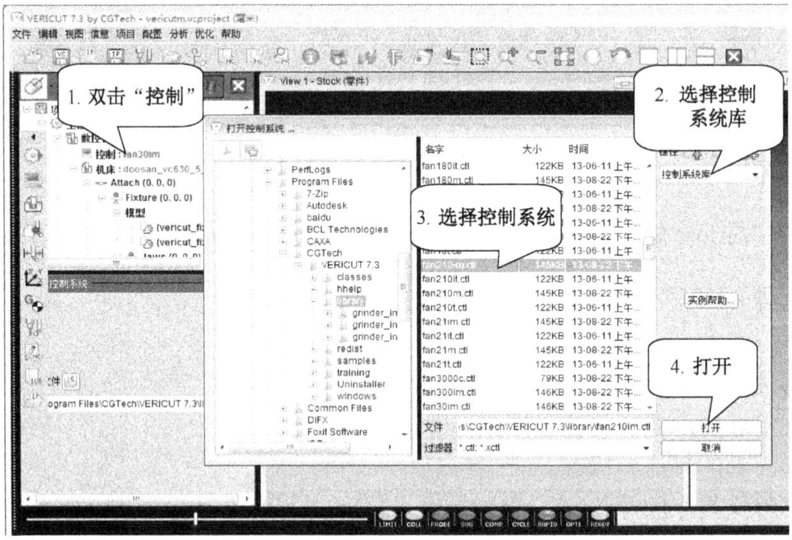

图 2-3-2　选择控制系统

（3）添加夹具模型。单击“Attach”→在打开的子目录中右击“Fixture”→在弹出的快捷菜单中单击“添加模型”→“模型文件”菜单命令，如图 2-3-3 所示，选择所需要的夹具模型。夹具模型的添加和毛坯模型的添加方法一样，请参考毛坯模型的添加。

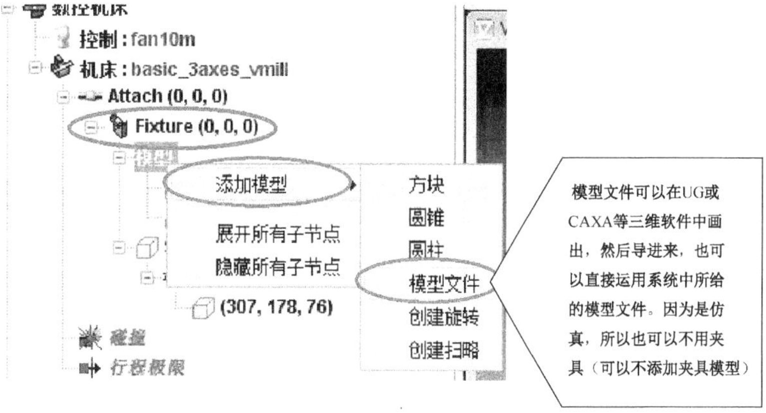

图 2-3-3　添加夹具模型

模型文件可以在 UG 或 CAXA 等三维软件中画出，然后导入系统，也可以直接运用系统中所给的模型文件，如图 2-3-4 所示。因为是仿真，所以也可以不用夹具（可以不添加夹具模型）。

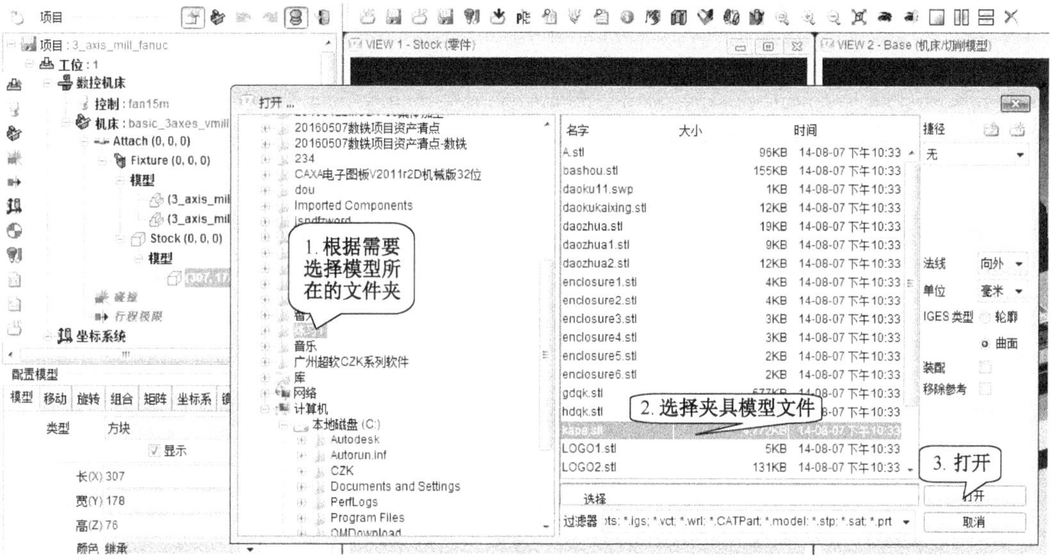

图 2-3-4　选择需要的模型文件

2．毛坯模型的添加和修改

（1）毛坯模型的添加。添加毛坯模型需将系统中原有的毛坯模型删除。单击“Attach”→“Fixture”→右击“Stock”→在弹出的快捷菜单中单击“添加模型”→“模型文件”菜单命令，如图 2-3-5 所示，在系统弹出的对话框中选择毛坯模型文件，单击“打开”按钮。（可选择从 UG 或 CAXA 等三维软件中导出的毛坯模型（导出的毛坯模型为 STL 格式），导出毛坯模型时，务必先把原有的毛坯模型删去。）

（2）毛坯模型的修改。也可以不删除原有的毛坯模型，直接单击“Attach”→“Fixture”→“Stock”

→“模型”→“(307, 178, 76)”改变毛坯模型的类型和尺寸，如图 2-3-6 所示。

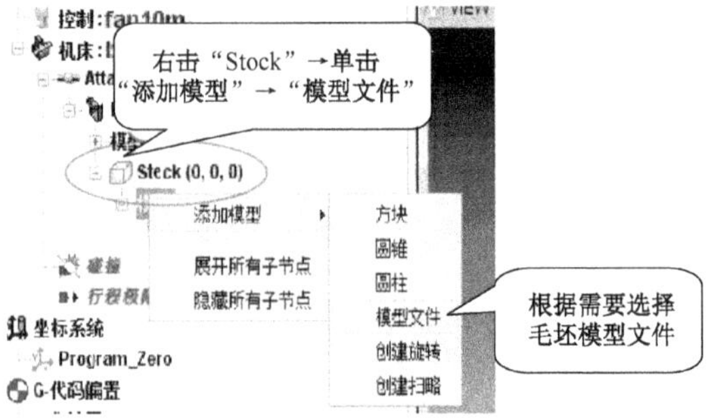

图 2-3-5　添加毛坯模型

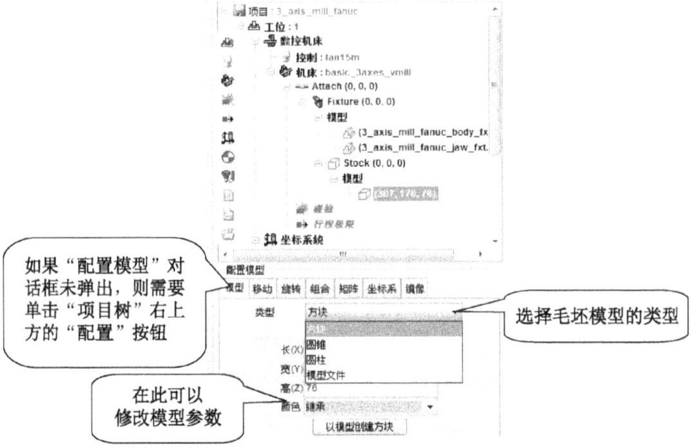

图 2-3-6　毛坯模型的修改

（3）坐标系的设置。单击“坐标系统”→“Program_Zero”，在弹出的“配置坐标系统”对话框中选中“位置”，然后在右侧的毛坯模型中移动光标，选择“编程原点”，如图 2-3-7 所示。

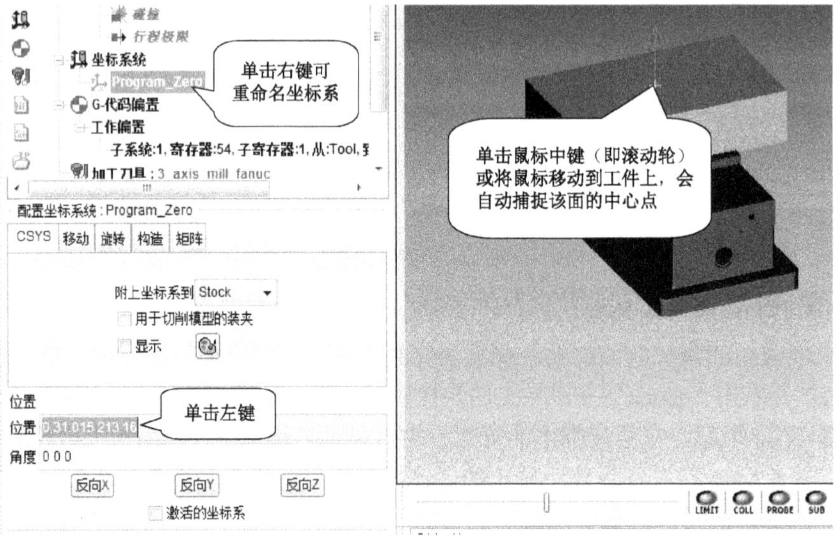

图 2-3-7　设置坐标系

(4) 坐标系的显示。在“零件”或“机床/切削模型”对话框中右击，在打开的快捷菜单中选择“显示所有轴”可以显示各个坐标系，如图 2-3-8 所示。

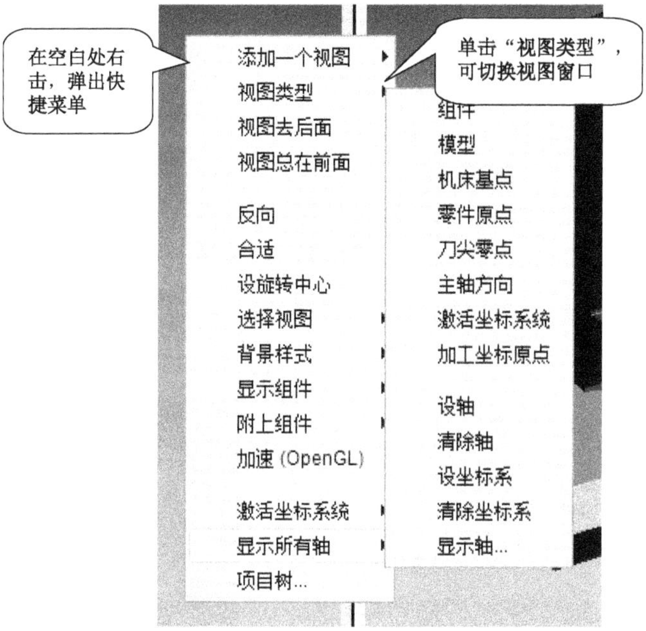

图 2-3-8　显示坐标系

(5) G 代码偏置的设置。单击“G-代码偏置”，弹出“配置工作偏置”对话框，在“偏置名”中选择“工作偏置”，并在“寄存器”文本框中输入“54”，如图 2-3-9 所示。(如果“G-代码偏置”下有“工作偏置/子系统”，直接单击子系统并修改即可。) 最后单击“添加”按钮，设置坐标原点，如图 2-3-10 所示。

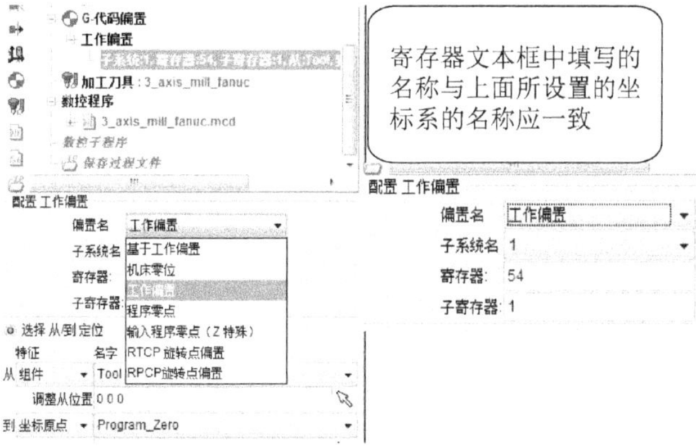

图 2-3-9　设置工作偏置

3. 刀具的添加和修改

(1) 刀具的修改。在系统中默认的刀具未被删除的情况下才能进行刀具的修改。双击“加工刀具:”，弹出“刀具管理器”窗口，如图 2-3-11 所示。双击“Cut”(刀具)，弹出“刀具 ID”对话框，根据需要修改各参数后，单击“修改”按钮，然后单击“关闭”按钮即可，如图 2-3-12 所示。

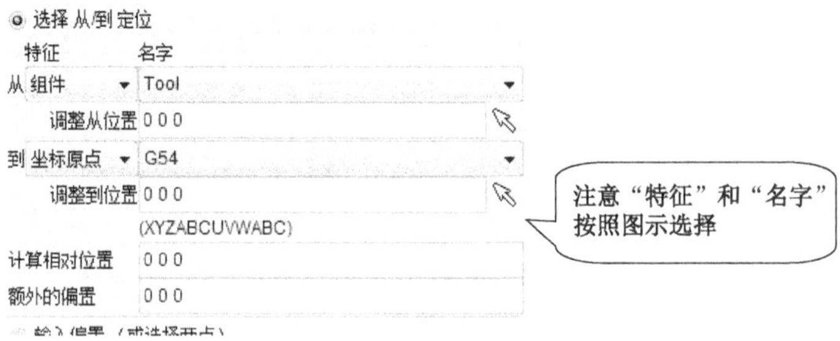

图 2-3-10　设置坐标原点

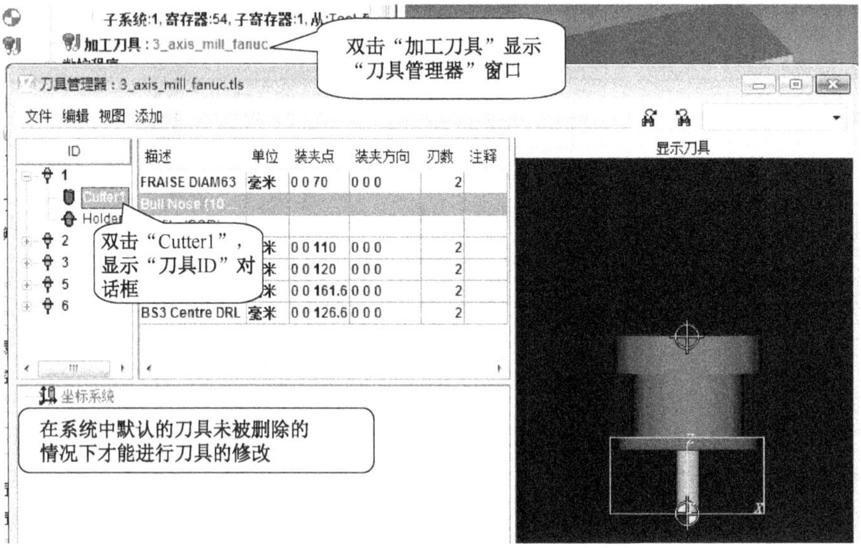

图 2-3-11　刀具的添加

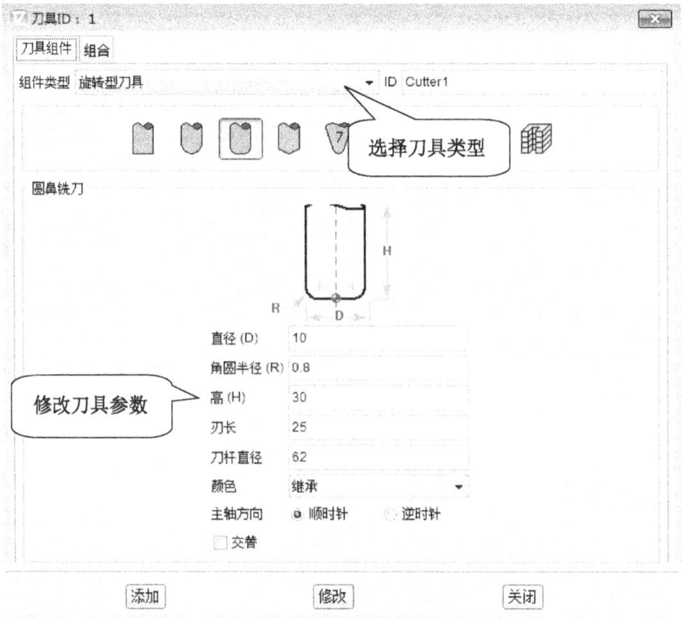

图 2-3-12　修改刀具参数

【注意】：设置刀具时“添加”为创建新的刀具，“修改”为替换之前的刀具。

修改刀柄。双击“ Holder1 ”（刀柄），系统弹出的窗口如图 2-3-13 所示。修改所需要的参数，单击“修改”按钮，然后单击“关闭”按钮即可，如图 2-3-14 所示。

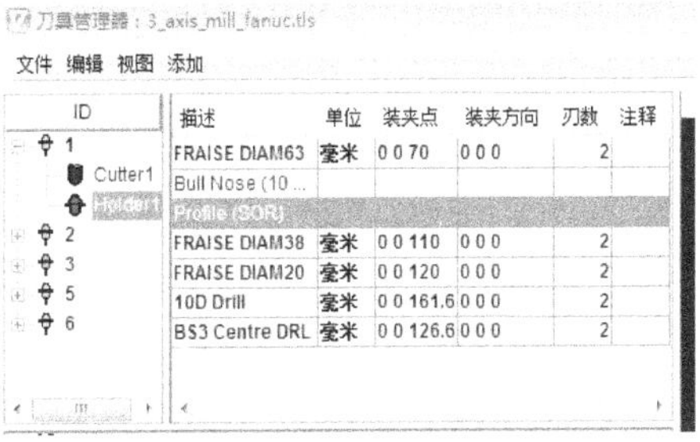

图 2-3-13　设置刀柄

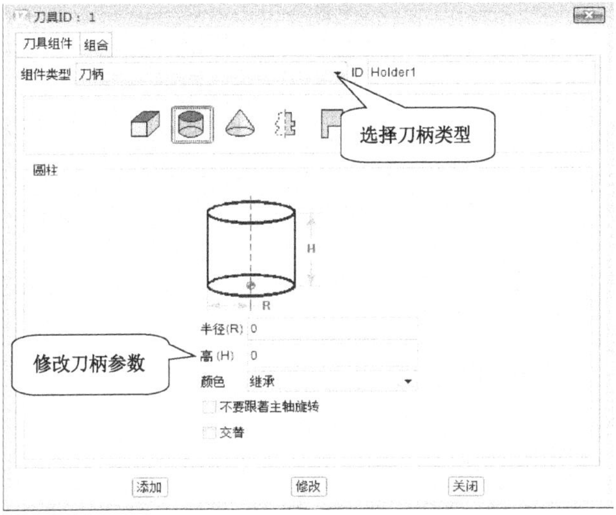

图 2-3-14　修改刀柄参数

刀具装夹点的选择。选中刀具的“装夹点”，在“显示刀具”窗口中移动光标选择合适的装夹点，然后关闭“刀具管理器”窗口，如图 2-3-15 所示。

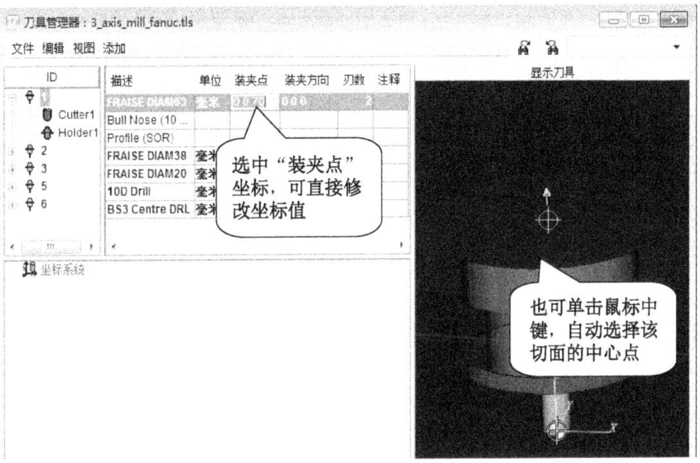

图 2-3-15　设定装夹点

（2）添加刀具。双击“ 加工刀具 ”，然后单击“添加”→“刀具”→“新”→“铣削”菜单命令，添加刀具，如图 2-3-16 所示。

系统打开“刀具 ID”对话框，在“组件类型”中分别选择旋转型刀具（图 2-3-17）和刀柄（图 2-3-18），分别定义参数后单击“添加”按钮。

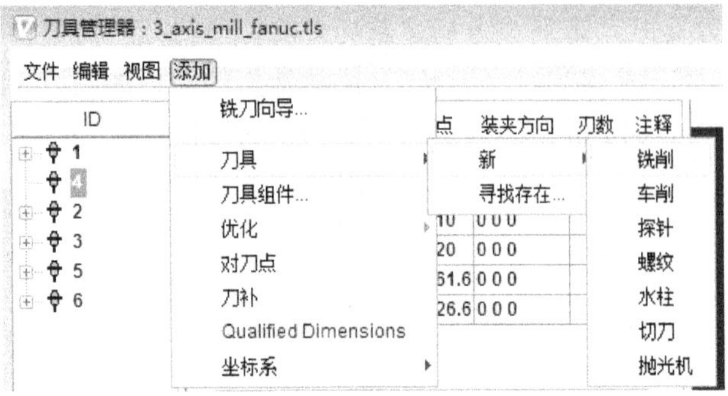

图 2-3-16　添加刀具

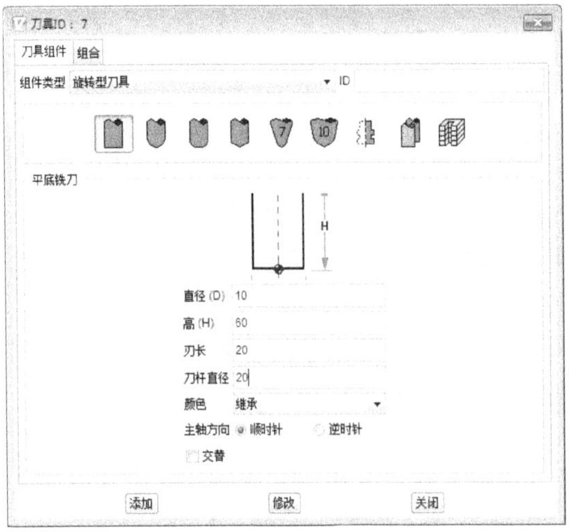

图 2-3-17　添加旋转型刀具

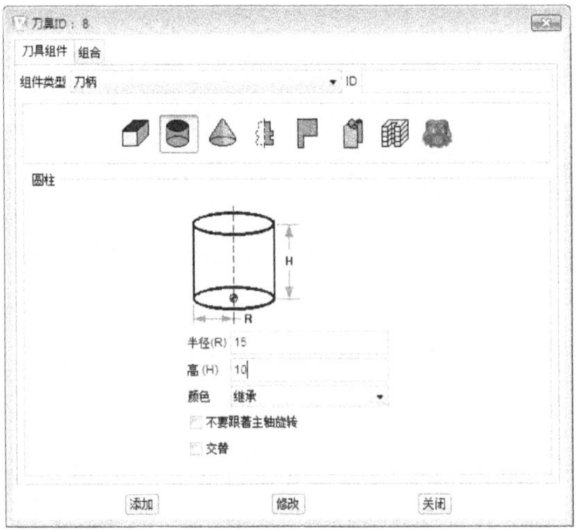

图 2-3-18　添加刀柄

特别注意的是，添加的旋转型刀具和刀柄的位置并不一定是正确的，这时需要双击添加的刀柄，单击“组合”选项卡，然后修改“位置”的值（该值的大小和刀具的高度值相同），单击“修改”按钮即可，如图 2-3-19 所示。

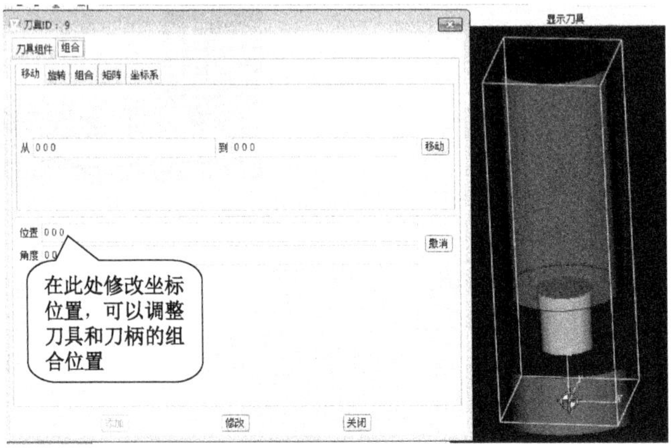

图 2-3-19　旋转型刀具和刀柄的组合

也可以单击“编辑”→“堆叠”菜单命令进行操作，如图 2-3-20 所示。

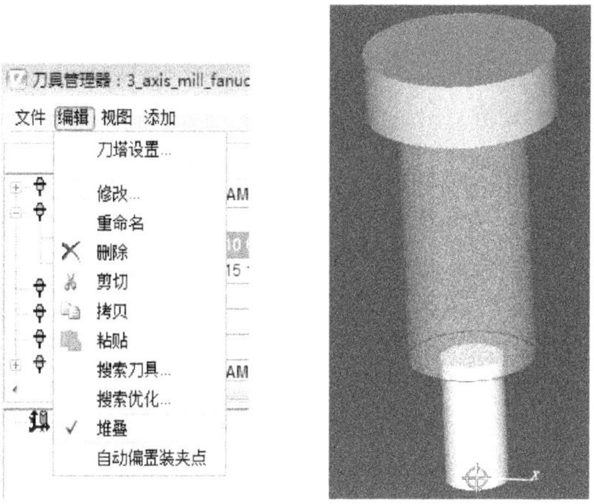

图 2-3-20　堆叠

4. 数控程序的导入和刀补设置

（1）数控程序的导入。先删除原有的数控程序，再双击“ 数控程序 ”选择从文件中导出的程序，单击“ ”按钮，然后单击“确定”按钮，如图 2-3-21 所示。

（2）刀补设置。如果选用的是 FANUC 系统，单击“ 工位：1”，在弹出的对话框中选择“刀尖”，如图 2-3-22 所示。

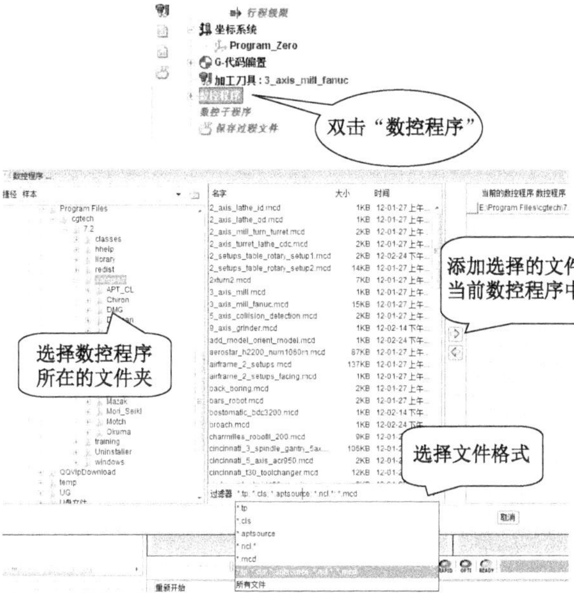

图 2-3-21　程序导入

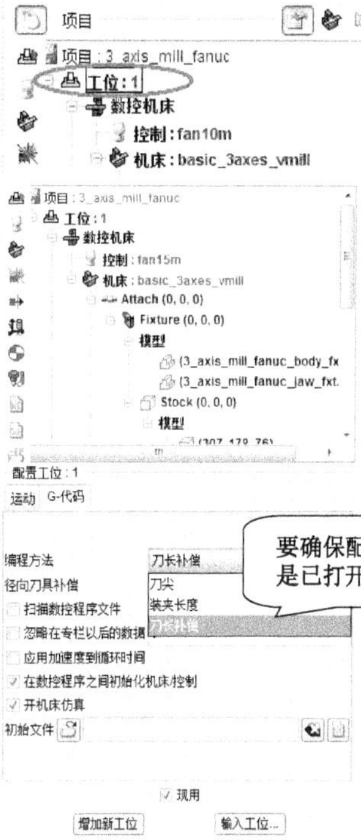

图 2-3-22　设置刀具补偿

【注意】：在 FANUC 系统中，如果编程方法选择“刀长补偿”，则数控程序中要加长度补偿；如果选择“刀尖”，则不需要在数控程序中加长度补偿。

5. 设计的零件模型的导入

（1）添加设计：单击“机床”→“Attach”→“Fixture”→右击“Stock”→在弹出的快捷菜单中单击“添加”→“设计”菜单命令，如如图 2-3-23 所示。

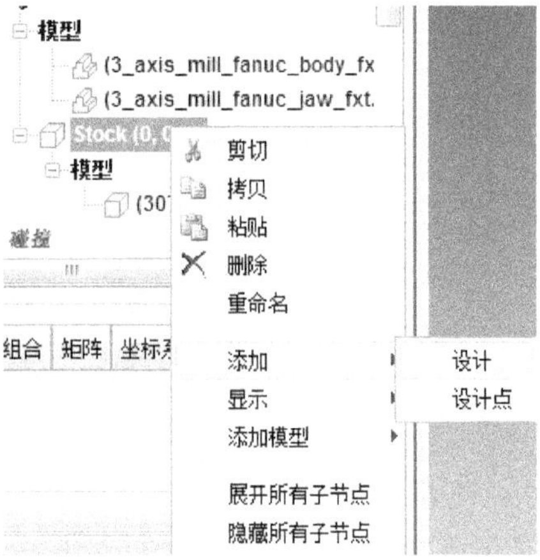

图 2-3-23　添加设计

此时，在“Stock”下出现“设计”即“Design（0，0，0）”，如图 2-3-24 所示。

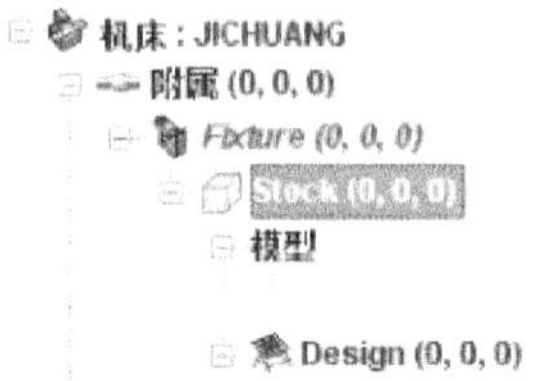

图 2-3-24　设计模型导入

（2）添加设计的零件模型。单击“机床”→“Attach”→“Fixture”→“Stock”→右击“Design”→在弹出的快捷菜单中单击“添加模型”→“模型文件”菜单命令，如图 2-3-25 所示。添加的零件模型如图 2-3-26 所示。

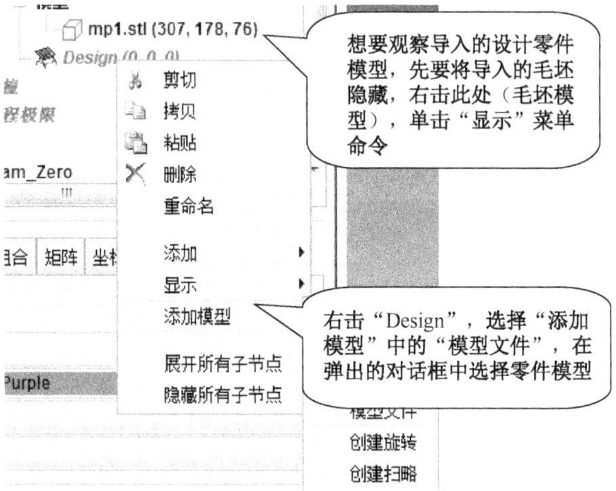

图 2-3-25　添加设计的零件模型

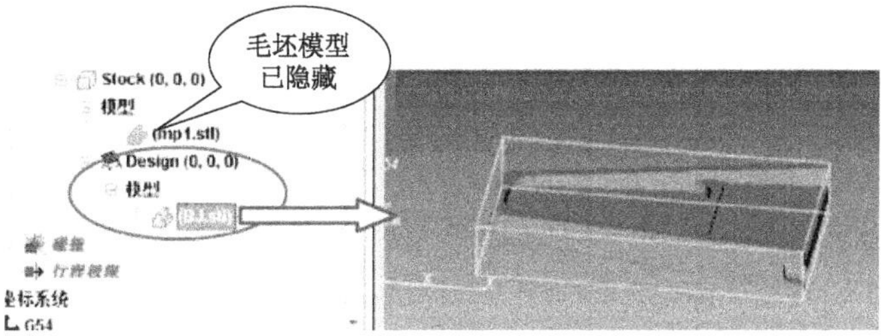

图 2-3-26　模型显示

（3）仿真。准备工作做好以后，单击右下角的“　”按钮重置模型，然后单击“　”按钮开始仿真，结束后与实体模型进行比较。若在开始仿真前单击“信息”→“数控程序”菜单命令，可以边仿真边看程序，如图 2-3-27 所示。

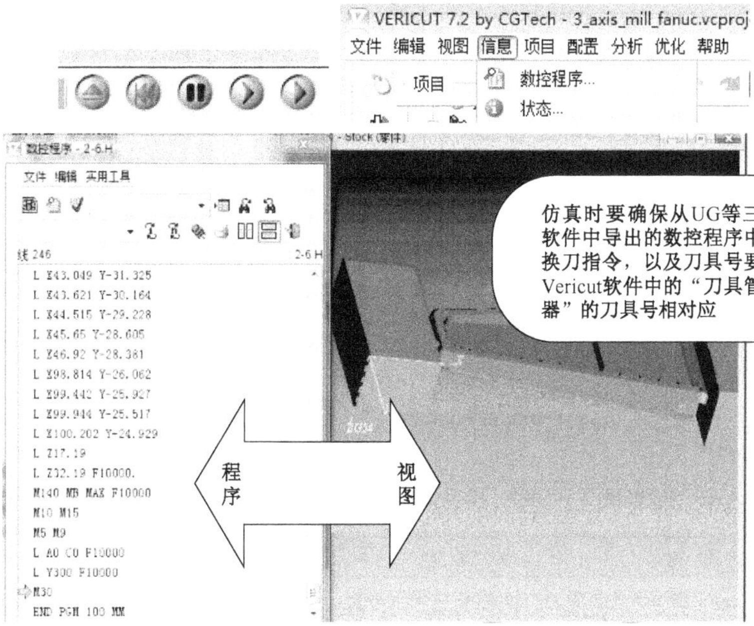

图 2-3-27　仿真

（二）操作实践一

学习所加工的工件，根据所学知识编辑好刀具路径并用 Vericut 软件进行仿真加工，如图 2-3-27 所示。

1．实训目的。

（1）通过练习，提高学生对软件的掌握程度。

（2）提高工艺制订能力。

（3）提高加工参数设置能力。

（4）掌握三轴机床的加工。

2．实训要求。

如图 2-3-28 所示，按给定图纸加工工件。学校提供尺寸为 100mm×60mm×30mm 的铝合金材料。

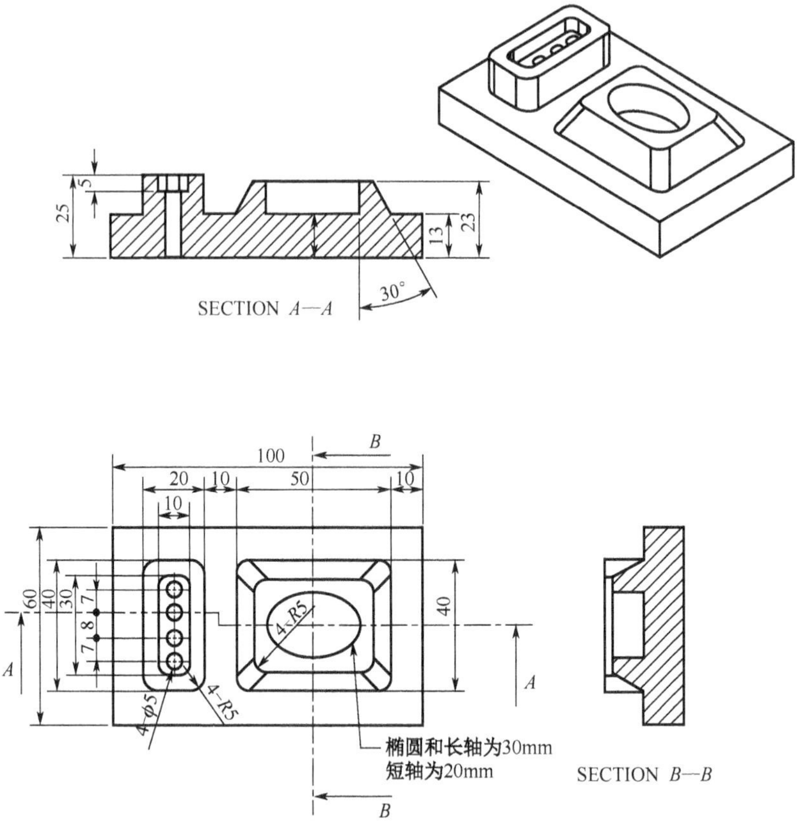

图 2-3-28　三轴工件的加工

3．制订加工工艺。

根据选定的产品，编写加工工艺（表格可扩展）。

序　号	刀具转速	切削深度	进给速度	备　注
1				
2				
3				
4				
5				
6				
7				
8				

4．根据制订的工艺合理选用并准备材料、设备、工具、量具。

（1）设备准备。

序　号	设备名称	要　求	数　量
1			
2			
3			
4			

续表

序　号	设备名称	要　求	数　量
5			
6			
7			
8			

（2）材料准备。

序　号	材料名称	规　格	数　量
1			
2			
3			
4			
5			
6			
7			
8			

（3）工具准备。

序　号	工具名称	规　格	数　量
1			
2			
3			
4			
5			
6			
7			
8			
9			
10			

（4）量具准备。

序　号	量具名称	规　格	数　量
1			
2			
3			
4			
5			

5．任务实施。

（1）按照制订工艺和图纸进行工件的加工。

（2）严格按照制订的工艺路线进行操作，遇到困难时可通过小组讨论的方式进行解决。

（3）严格遵守安全操作规程，严禁违规操作，发现设备存在问题须及时向指导教师报告。在工作过程中工作台上工量具的摆放应整齐，严格按照“6S”管理规定执行。

（4）任务完毕后整理工量具、设备、工作场地，按“6S”管理规定执行。

（三）操作实践二

1．读零件图（图 2-3-29）回答问题。

（1）该零件图中垂直度与平行度要求公差是多少？________________

（2）该零件图有几个剖视图？________________

（3）该零件采用什么材料？________________

（4）该零件的外形尺寸是什么？________________

（5）该零件表面质量要求怎样？________________

（6）完成该零件需哪些工序？

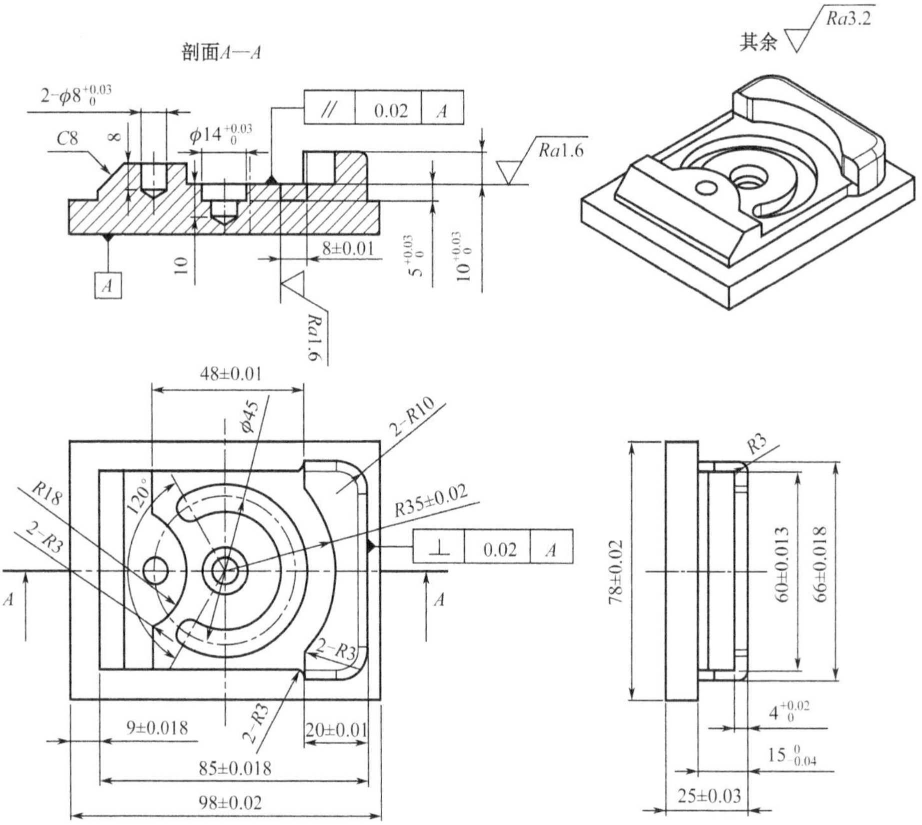

图 2-3-29　零件图

①________________

②________________

③________________

④________________

（7）该零件有什么技术要求？________________

____

____

（8）请确定毛坯尺寸。________________

（9）钻孔和铣削工件外形时，你认为先加工哪个比较合理？

____

____

____。

2. 各小组分析、讨论并制订加工工艺，根据已知的这些情况，你该怎么去加工呢？想一想拿出你的最佳方案。

工 艺 表

序 号	工序名称	加工内容	工量具
1			
2			
3			
4			
5			
6			
7			
8			
9			
10			
11			
12			

将你设计的工艺给组长或团队其他人员审核一下，听听别人的建议也许你会有意想不到的收获，请将他人的建议记录下来。________________

指导教师对该加工工艺的指导意见：________________

____

____

____。

3. 各小组根据制订的工艺合理选用并准备材料、设备、工具、量具。

（1）设备准备。

序 号	设备名称	要 求	数 量
1			
2			
3			

（2）材料准备。

序 号	材料名称	规 格	数 量
1			
2			
3			

（3）工具准备。

序　号	工具名称	规　格	数　量
1			
2			
3			
4			
5			
6			

（4）量具准备。

序　号	量具名称	规　格	数　量
1			
2			
3			
4			
5			
6			

4．任务实施。

（1）严格按照制订的工艺进行操作，当中途遇到难以解决的问题时可以采用小组讨论等方式解决。

（2）严格遵守安全操作规程，严禁违规操作，发现设备存在问题须及时向指导教师报告。在工作过程中工作台上的工量具应摆放整齐，严格按照“6S”管理规定执行。

（3）任务完毕后整理工量具、设备、工作场地，按“6S”管理规定执行。

任务评价

1．小组长查看成员完成情况，并做好记录，小组长的工件由指导教师检查。

2．填写评价表（表 2-3-1）。

表 2-3-1　多元评价表

评价项目	评价标准	评价方式			权重	小　计
		学生自评 20%	小组互评 20%	教师评价 60%		
职业素养	1．遵守实训规章制度 2．严格执行“6S”管理 3．语言表达能力 4．组织协作能力				0.3	
专业能力	1．动作规范、稳定 2．能正确合理选用工具和量具 3．能分析解决实训中的疑难问题 4．工艺合理 5．工件质量优良 6．按时完成					

续表

评价项目	评 价 标 准	评 价 方 式			权重	小　计
		学生自评 20%	小组互评 20%	教师评价 60%		
创新	1．任务过程中能主动分析解决问题 2．能合理组织任务实施				0.2	
合计						

（3）产品展览、经验共享、工件打标记后入库。

① 每组推出自己最好的产品，集合展览。

② 每组推选一名同学上讲台演讲，分享成功经验，谈谈加工过程中的感受。

任务总结

1．各组总结本次任务中出现的主要问题和难点及其解决方案，报告如下。

2. 指导教师总结本次任务的重点和学习实训过程中发现的普遍性问题、技术难点；总结实训中的安全和“6S”问题，并做记录如下。

技能拓展

请利用课余时间查找相关资料，并写在下面，看谁的最完整！

[提示：可以通过网络查询金属材料表面处理相关的技术资料及书籍等。]

任务4　应用系统中的多轴机床仿真

任务描述

通过学习 Vericut 软件，掌握利用 Vericut 软件进行四轴机床的模拟仿真加工。

任务要求

1. 能够调用计算机内的四轴机床模型和数控系统文件。
2. 掌握夹具零件模型的导入方式。
3. 掌握毛坯模型的添加和修改。
4. 掌握刀具的添加和修改。
5. 掌握数控程序的导入。
6. 能够用软件仿真刀具路径。

任务实施

（一）相关知识

1. 控制程序的选择与调用

（1）控制程序的选择。打开应用程序，双击“控制”，选择需要使用的控制类型（例如，fan180im），如图 2-4-1 所示。

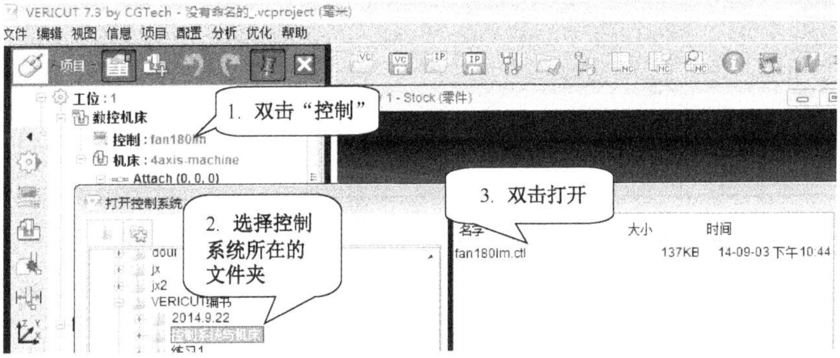

图 2-4-1　控制程序的选择

（2）机床的选择。双击“数控机床”中的“机床”，在“控制系统与机床”中选择所需机床，如图 2-4-2 所示。

（3）添加夹具模型。单击“Attach”→右击“Fixture”→在弹出的快捷菜单中单击“添加模型”→“模型文件”菜单命令，选择所需要的夹具模型，如图 2-4-3 所示。

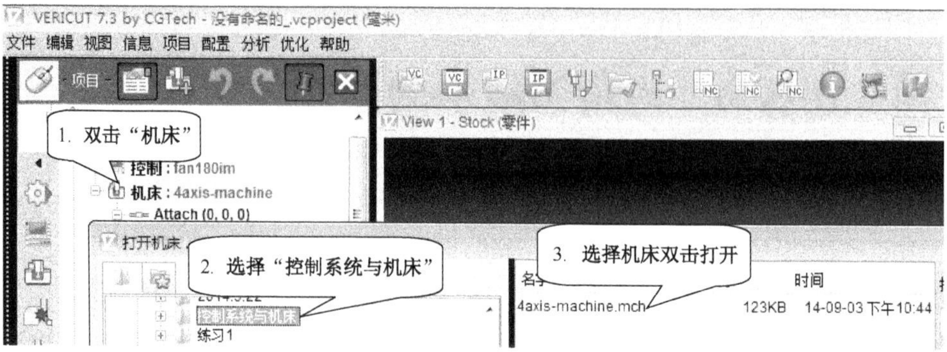

图 2-4-2　选择机床

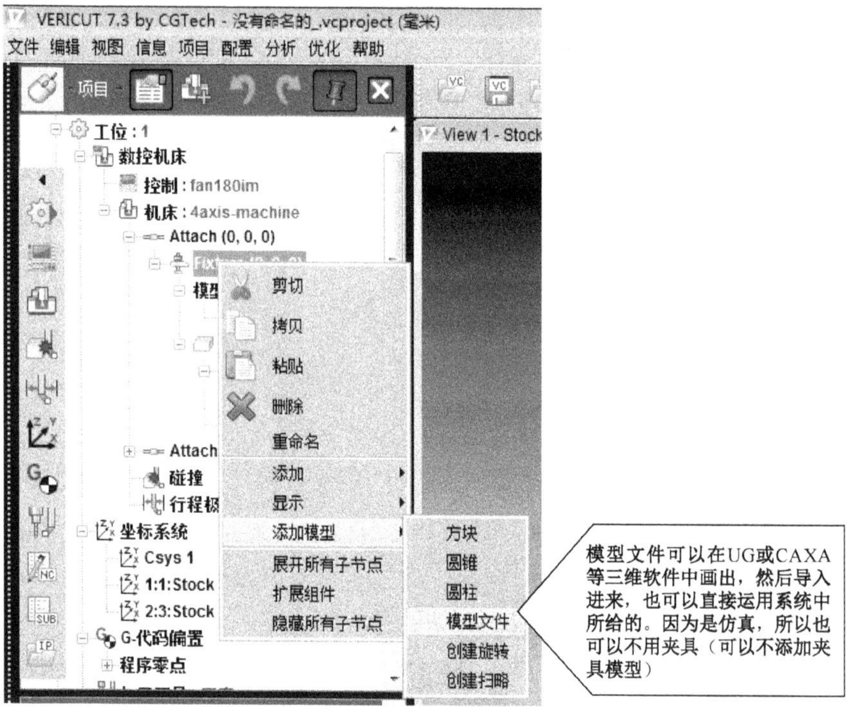

图 2-4-3　添加模型文件

2．夹具零件模型的导入

（1）添加夹具（卡盘）。单击“机床”→“Attach”→右击“Fixture”→在弹出的快捷菜单中单击“添加模型”→“模型文件”菜单命令，如图 2-4-4 所示。

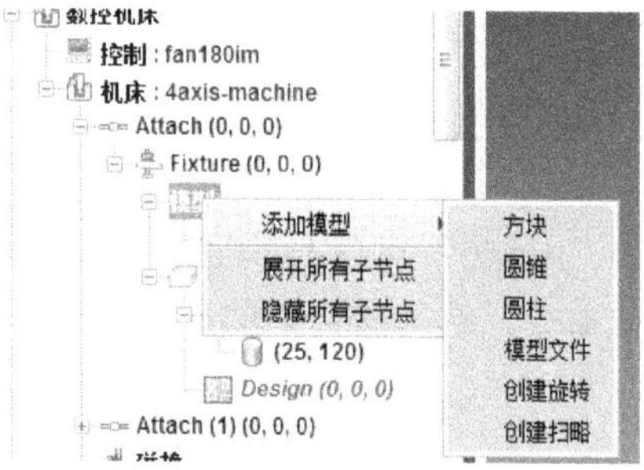

图 2-4-4　选择模型文件

（2）然后在模型文件下出现对话框，如图 2-4-5 所示选择卡盘模型文件（kapa.stl），调用的卡盘模型文件如图 2-4-6 所示。

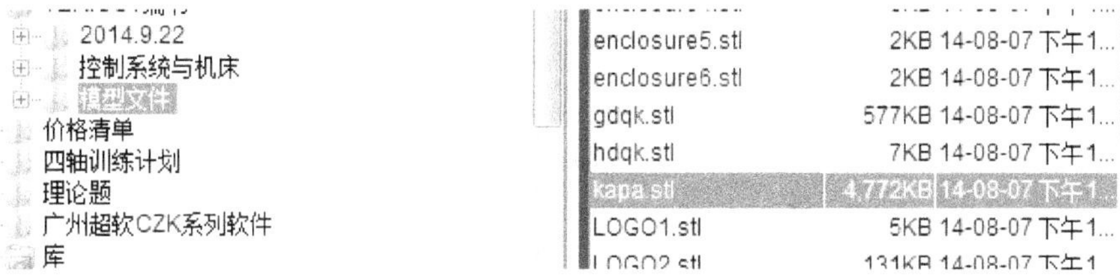

图 2-4-5　调用模型文件

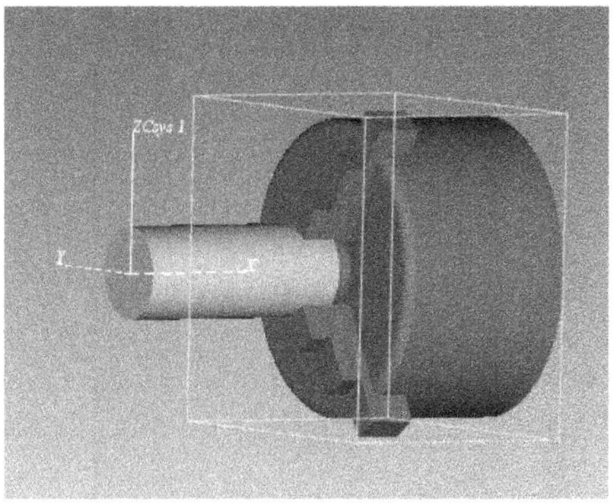

图 2-4-6　调用的卡盘模型文件

3．毛坯模型的添加和修改

（1）毛坯模型的添加。添加毛坯模型须将系统中原有的毛坯模型删除，单击“Attach”→“Fixture”→右击“Stock”→在弹出的快捷菜单中单击“添加模型”→“模型文件”菜单命令（图 2-4-7），系统弹出对话框，选择毛坯模型文件，单击“打开”按钮。（可选择从 UG 或 CAXA 等三维软件中导出的毛坯模型（导出的毛坯模型为 STL 格式），导出毛坯模型时，务必先把原有的毛坯模型删去。）

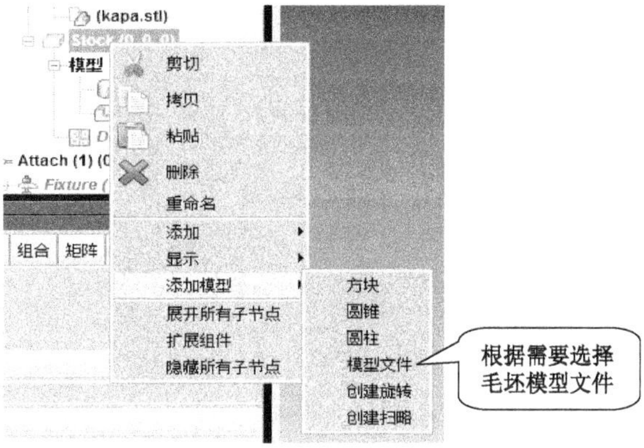

图 2-4-7　添加毛坯模型

（2）毛坯模型的修改。也可以不删除原有毛坯模型，直接单击“Attach”→“Fixture”→“Stock”→“模型”→“ Stock (0, 0, 0) ”改变毛坯模型的类型和尺寸，如图 2-4-8 所示。

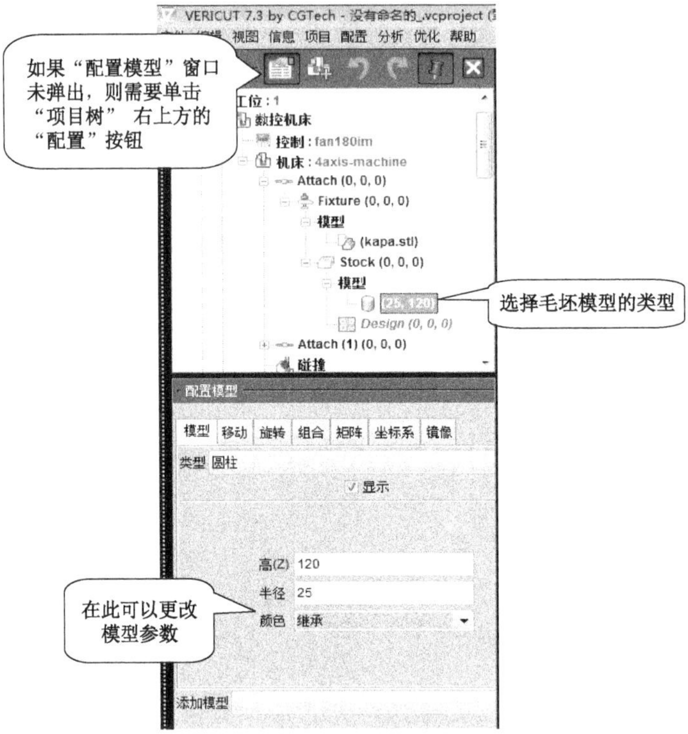

图 2-4-8　修改毛坯模型

（3）坐标系的设置。单击“坐标系统”→“Csys1”，弹出“配置坐标系统”对话框，选中“位置”，然后在左边的毛坯中移动光标选择“编程原点”，如图 2-4-9 所示。

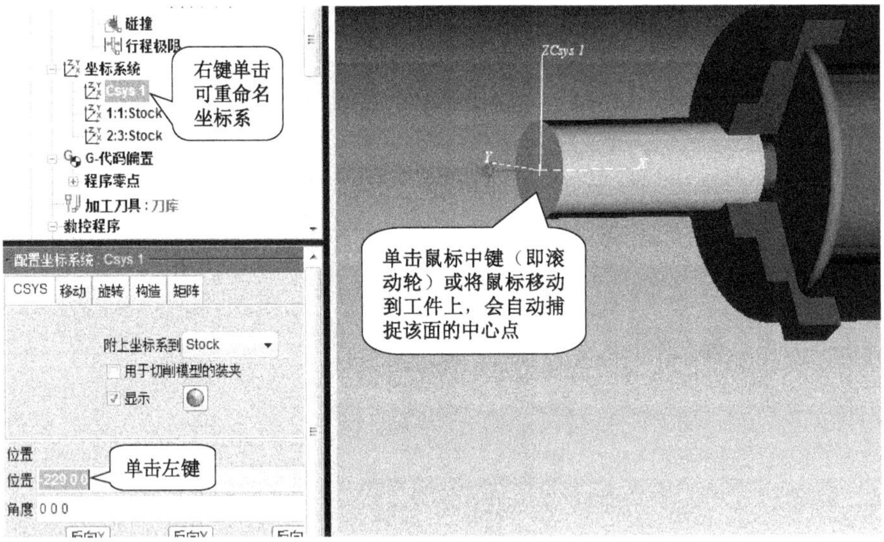

图 2-4-9　设置坐标系统

（4）G 代码偏置的设置。单击“G-代码偏置”，弹出“配置工作偏置”对话框，在“偏置名”中选择“工作偏置”，并在“寄存器”文本框中输入“54”，如图 2-4-10 所示。

最后单击“添加”按钮（如果“G-代码偏置”下有“工作偏置/子系统”，直接单击子系统并修改即可），如图 2-4-11 所示。

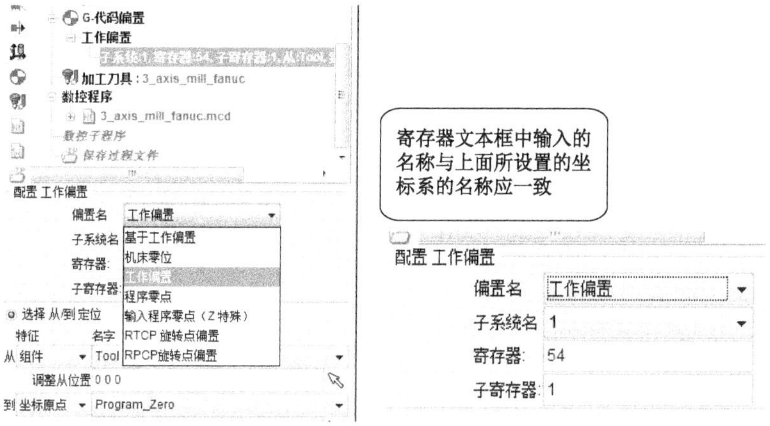

图 2-4-10　设置 G 代码偏置

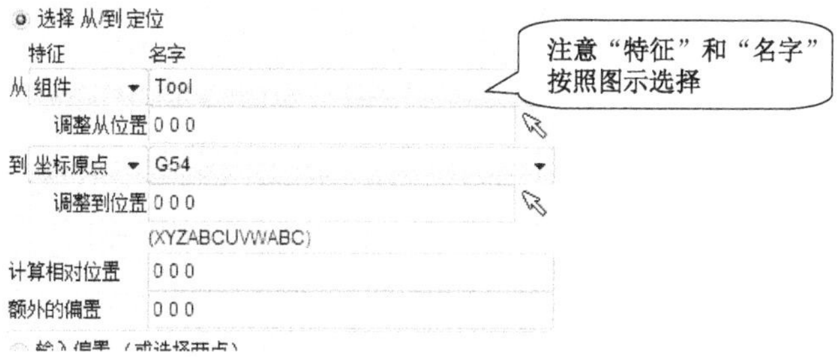

图 2-4-11　设置坐标点

4．刀具的添加和修改

（1）刀具的修改。在系统中默认的刀具未被删除的情况下才能进行刀具的修改。双击“加工刀具：刀库”，在弹出的“刀具管理器”窗口中，修改刀具的参数，如图 2-4-12 所示。

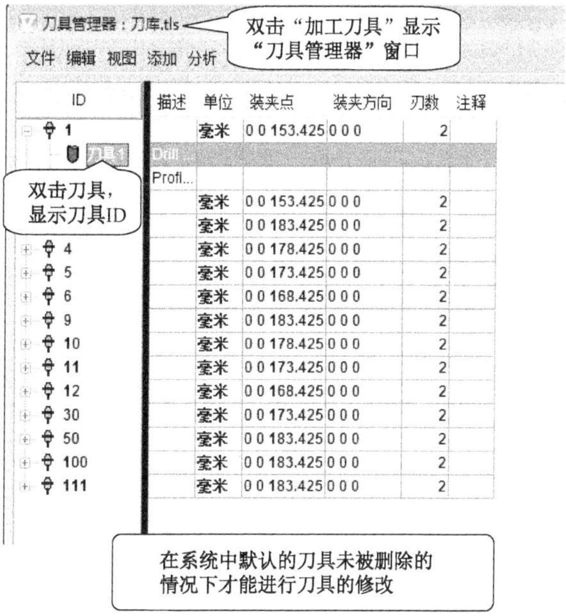

图 2-4-12　修改刀具参数

双击"刀具1"，根据需要修改各参数后，单击"修改"按钮，然后单击"关闭"按钮即可，如图 2-4-13 所示。

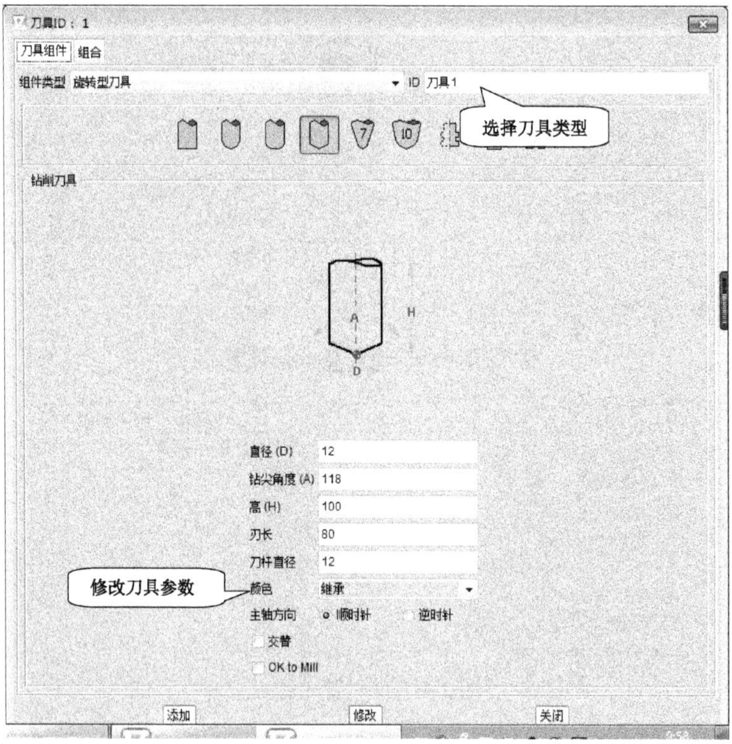

图 2-4-13　刀具参数设置

【注意】：设置刀具时，"添加"为创建新刀具；"修改"为替换之前刀具。

修改刀柄。双击"刀柄"，系统弹出的对话框如图 2-4-14 所示。

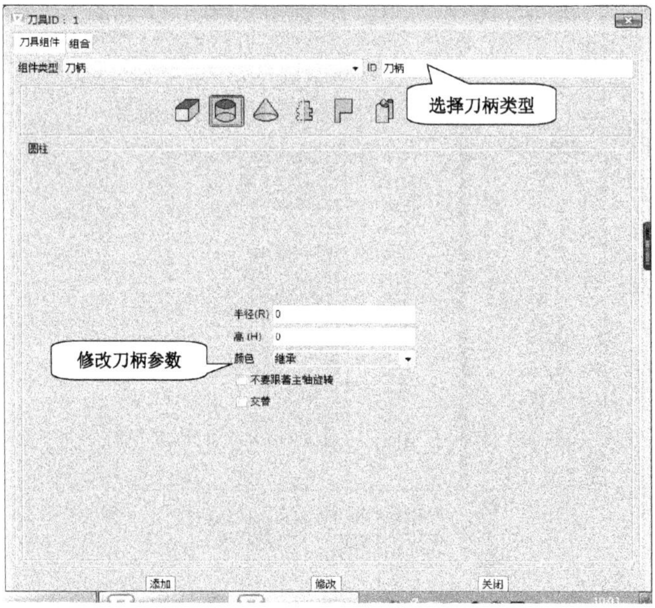

图 2-4-14　刀柄选择

修改所需要的各个参数，然后单击“修改”按钮，最后单击“关闭”按钮即可。

刀具装夹点的选择。选中刀具的“装夹点”，在右侧的“显示刀具”窗口中移动光标选择合适的装夹点，然后关闭“刀具管理器”窗口，如图 2-4-15 所示。

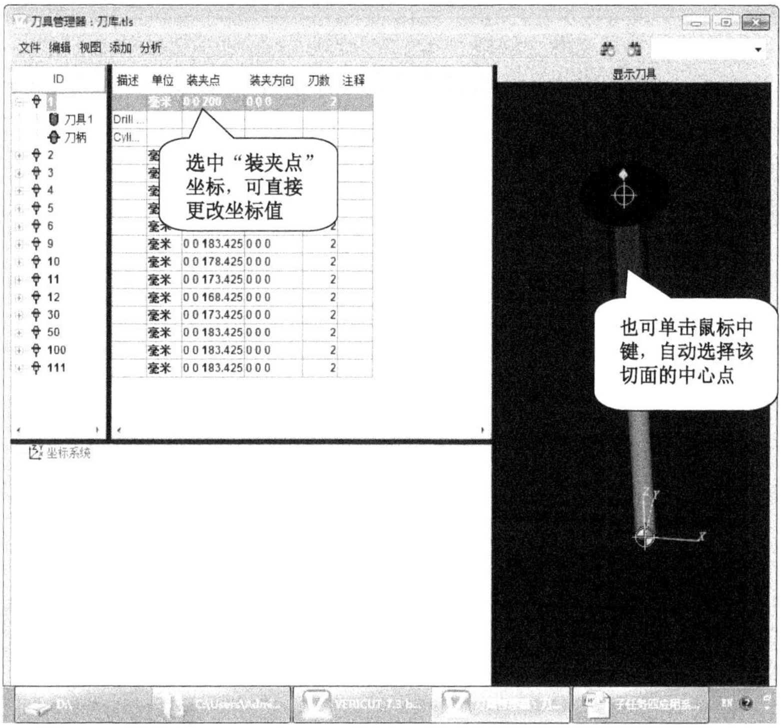

图 2-4-15　设置刀具装夹点

关闭时弹出对话框，单击“是”按钮，保存修改的刀具。

（2）添加刀具。双击“刀具1”，然后单击“添加”→“刀具”→“新”→“铣削”菜单命令，添加刀具，如图 2-4-16 所示。

图 2-4-16　添加刀具

在打开的“刀具 ID”对话框的“组件类型”中选择“旋转型刀具”（图 2-4-17），定义参数后单击“添加”按钮。

重复上面的步骤，在打开的“刀具 ID”对话框的“组件类型”中再选择“刀柄”（图 2-4-18），定义参数后单击“添加”按钮。

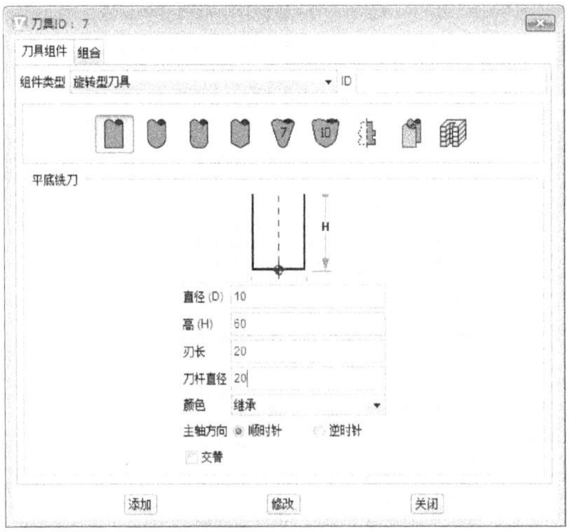

图 2-4-17　添加旋转型刀具

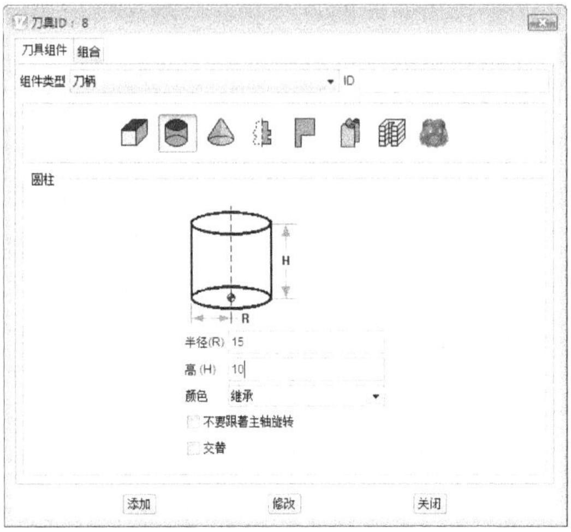

图 2-4-18　添加刀柄

特别注意的是，添加的旋转型刀具和刀柄的位置并不一定是正确的，这时需要双击添加的刀柄，单击“组合”选项卡，然后再修改“位置”处的值（该值的大小和刀具的高度值相同），单击“修改”按钮即可，如图 2-4-19 所示。

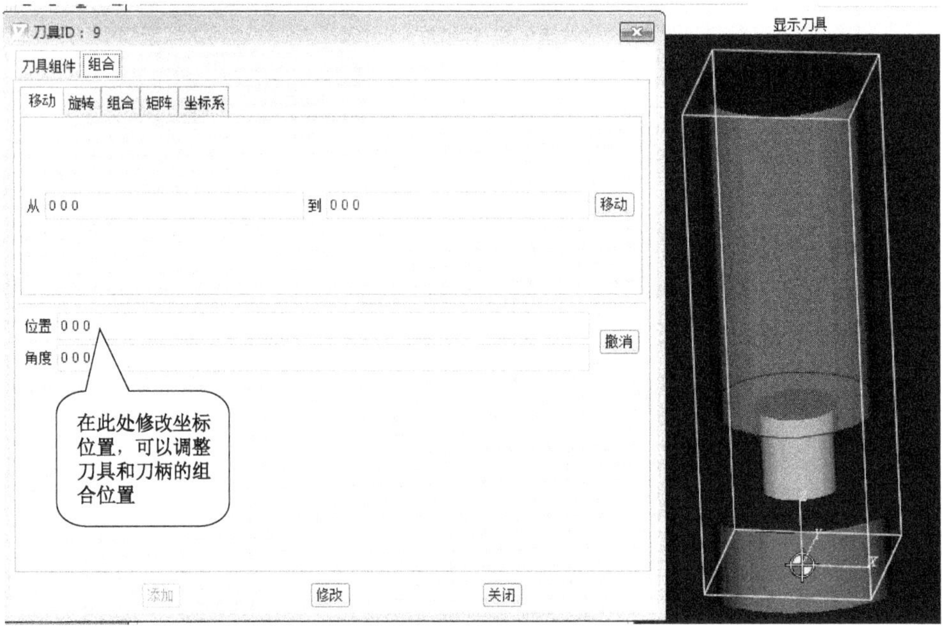

图 2-4-19　组合

也可以单击“编辑”→“堆叠”菜单命令进行操作，如图 2-4-20 所示。

5．数控程序的导入和刀补设置

（1）数控程序的导入。先删除原有的数控程序，再双击“数控程序”，选择从文件中导出的程序，单击“ ”按钮，然后单击“确定”按钮，如图 2-4-21 所示。

（2）刀补设置。如果选用的是 FANUC 系统，单击“工位：1”，在弹出的对话框中选择“刀长补偿”，如图 2-4-22 所示。

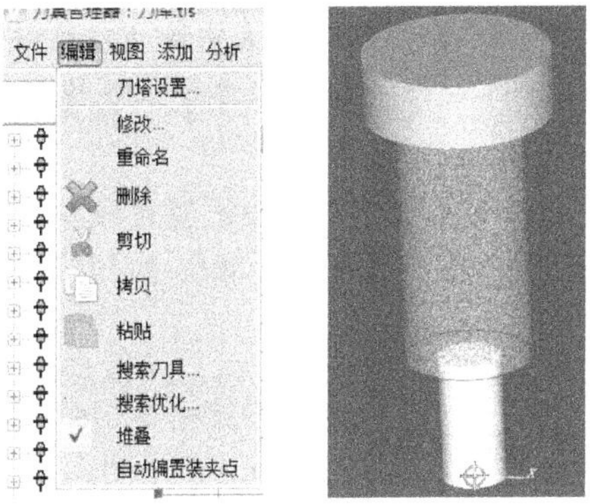

图 2-4-20 堆叠

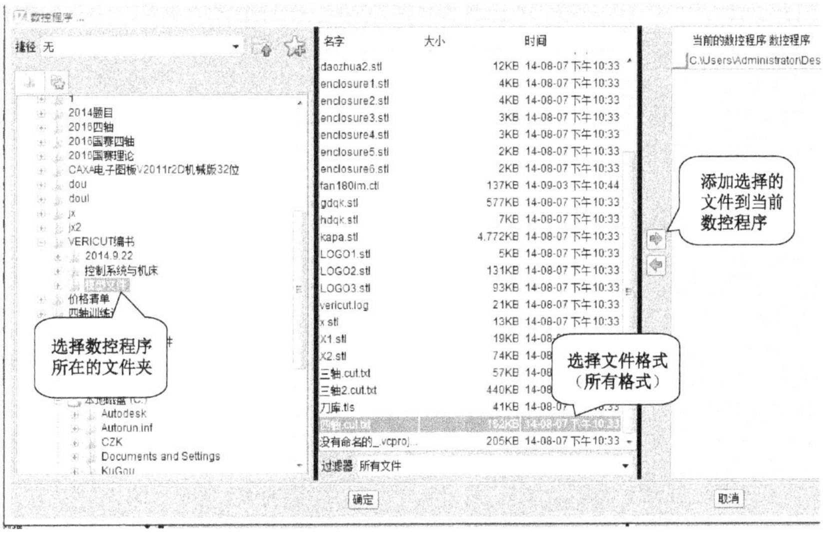

图 2-4-21 选择数控程序

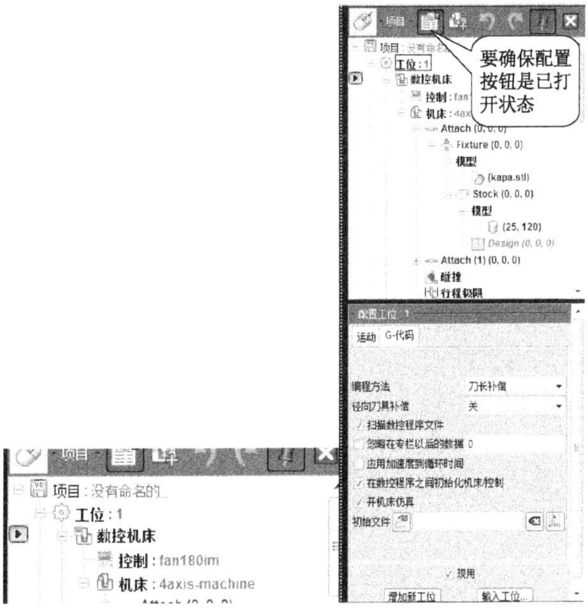

图 2-4-22 设置刀具补偿

【注意】：在 FANUC 系统中，如果编程方法选择“刀长补偿”，则数控程序中要加长度补偿；如果选择“刀尖”，则不需要在数控程序中加长度补偿。

6．仿真

准备工作做好以后，单击右下角的“ ”按钮重置模型，然后单击“ ”按钮开始仿真。在开始仿真前单击“信息”→“数控程序”菜单命令，可以边仿真边看程序，如图 2-4-23 所示。

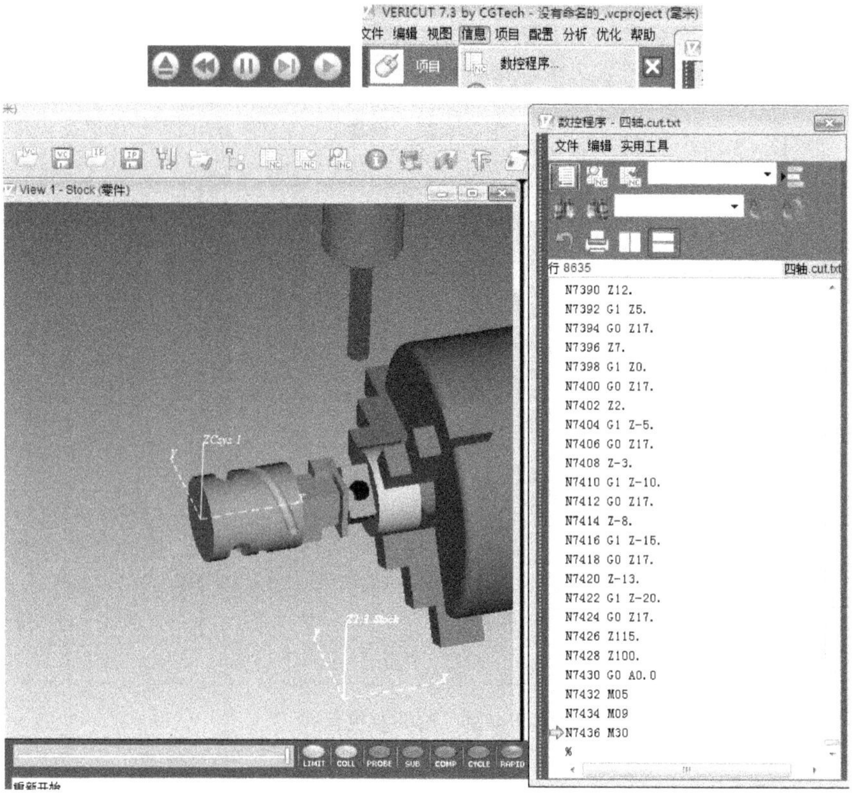

图 2-4-23　仿真

（二）操作实践一

学习所加工的工件，根据所学知识设置好刀具路径并用 Vericut 软件进行仿真加工。

1．实训目的。

（1）通过练习，提高学生对软件的掌握。

（2）提高工艺制订能力。

（3）提高加工参数的设置能力。

（4）掌握四轴机床的加工。

2．实训要求。

如图 2-4-24 所示，按给定图纸加工工件。学校提供 $D50 \times 100$（单位为 mm）的铝合金材料。

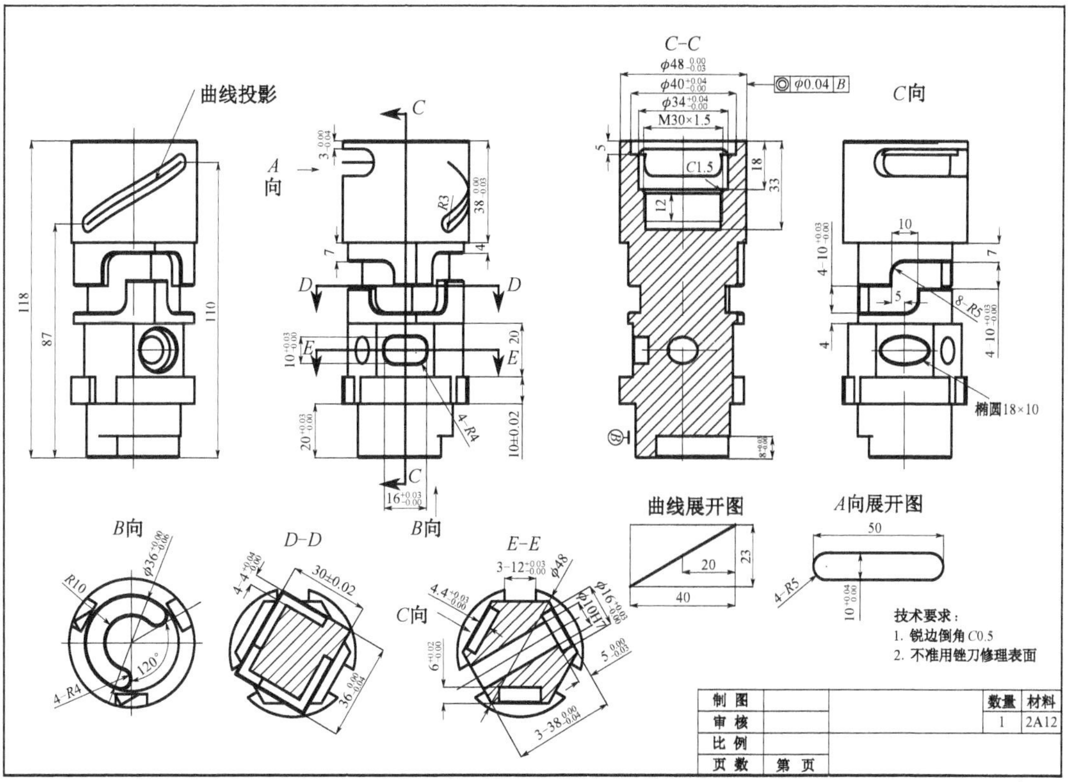

图 2-4-24　零件图

3．制订加工工艺。

根据选定的产品，编写加工工艺（表格可扩展）。

序　　号	刀具转速	切削深度	进给速度	备　　注
1				
2				
3				
4				
5				
6				

4．根据制订的工艺合理选用准备材料、设备、工具、量具。

（1）设备准备。

序　　号	设备名称	要　　求	数　　量
1			
2			
3			
4			
5			
6			
7			

（2）材料准备。

序　号	设备名称	规　格	数　量
1			
2			
3			
4			
5			
6			
7			

（3）工具准备。

序　号	工具名称	规　格	数　量
1			
2			
3			
4			
5			
6			
7			
8			
9			
10			

（4）量具准备。

序　号	量具名称	规　格	数　量
1			
2			
3			
4			
5			

5．任务实施。

（1）按照制订工艺和图纸进行加工。

（2）严格按照制订的工艺路线进行操作，遇到困难时可通过小组讨论的方式进行解决。

（3）严格遵守安全操作规程，严禁违规操作，发现设备存在问题须及时向指导教师报告。在工作过程中工作台上工量具的摆放应整齐，严格按照“6S”管理规定执行。

（4）任务完毕后整理工量具、设备、工作场地，按“6S”管理规定执行。

（三）操作实践二

1．读零件图回答问题（图 2-4-25）。

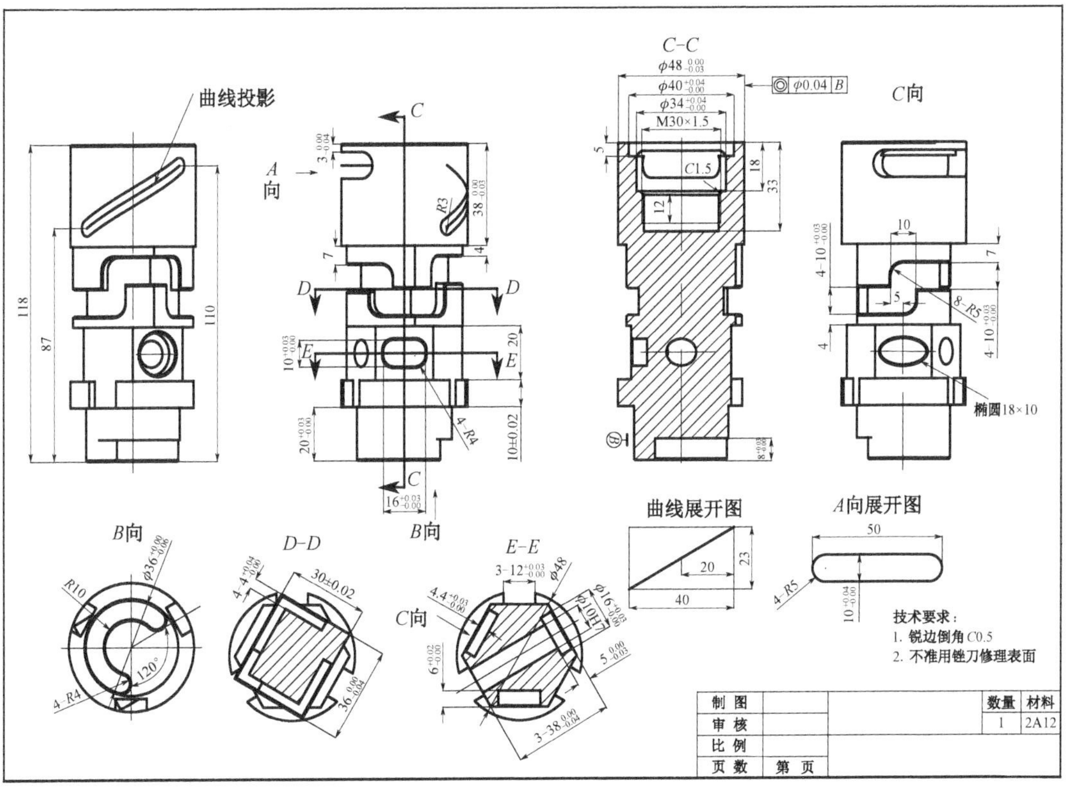

图 2-4-25　四轴工件的加工

（1）该零件图中垂直度与平行度要求公差是多少？________________

（2）该零件图有几个剖视图？________________

（3）该零件采用什么材料？________________

（4）该零件的外形尺寸是什么？________________

（5）该零件表面质量要求怎样？________________

（6）完成该零件需哪些工序？

① ________________

② ________________

③ ________________

④ ________________

⑤ 该零件有什么技术要求？________________

⑥ 请确定毛坯尺寸。________________

⑦ 钻孔和铣削加工时，你认为先加工哪个比较合理并说明原因？

________________。

2．各小组分析、讨论并制订加工工艺，根据已知的这些情况，你该怎么去加工呢？想一想拿出你的最佳方案。

工 艺 表

序 号	工序名称	加工内容	工 量 具
1			
2			
3			
4			
5			
6			
7			
8			
9			
10			

将你设计的工艺给组长或团队其他人员审核一下，听听别人的建议也许你会有意想不到的收获，请将他人建议记录下来。________________________________

指导教师对该加工工艺的指导意见：________________________________
________________________________。

3．各小组根据制订的工艺合理选用准备材料、设备、工具、量具。

（1）设备准备。

序 号	设备名称	要 求	数 量
1			
2			

（2）材料准备。

序 号	材料名称	规 格	数 量
1			
2			
3			

（3）工具准备。

序 号	工具名称	规 格	数 量
1			
2			
3			
4			
5			
6			
7			
8			
9			

（4）量具准备。

序　号	量具名称	规　格	数　量
1			
2			
3			
4			
5			
6			
7			
8			

4．任务实施。

（1）严格按照制订工艺进行操作，当中途遇到难以解决的问题时可以采用小组讨论等方式解决。

（2）严格遵守安全操作规程，严禁违规操作，发现设备存在问题须及时向指导教师报告。在工作过程中工作台上的工量具应摆放整齐，严格按照“6S”管理规定执行。

（3）任务完毕后整理工量具、设备、工作场地，按“6S”管理规定执行。

任务评价

1．小组长查看成员完成情况，并做好记录，小组长的工件由实习指导教师检查。

2．填写评价表（表 2-4-1）。

表 2-4-1　多元评价表

评价项目	评价标准	评价方式			权　重	小　计
		学生自评 20%	小组互评 20%	教师评价 60%		
职业素养	1．遵守实训规章制度 2．严格执行“6S”管理 3．语言表达能力 4．组织协作能力				0.3	
专业能力	1．动作规范、稳定 2．能正确合理选用工具和量具 3．能分析解决实训中疑难问题 4．工艺合理 5．工件质量优良 6．按时完成				0.5	
创新	1．任务过程中能主动分析解决问题 2．能合理组织任务实施				0.2	
合计						

（3）产品展览、经验共享、工件打标记后入库。

① 每组推出自己最好的产品，集合展览。

② 每组推选一名同学上讲台演讲，分享成功经验，谈谈加工过程中的感受。

任务总结

1．各组总结本次任务中出现的主要问题和难点及其解决方案，报告如下。

2. 指导教师总结本次任务的重点和学习训练过程中发现的普遍性问题、技术难点；总结实训中的安全和 6S 问题，并做记录如下。

技能拓展

提问：请利用课余时间查找相关资料，并写在下面，看谁的最完整！
[提示：可以通过网络上查询多轴加工相关的技术资料及书籍等。]

项目三

多轴加工案例

任务1 “3+2 定位”五轴加工

任务描述

“3+2 定位”五轴加工是多轴加工中的一个基本案例。有些五轴机床被称之为“假五轴机床”，意思就是这一类五轴机床只能进行 3+2 定位加工，不能进行五轴联动加工。利用 UG 软件进行 3+2 刀轨设置相对较容易，参数设置基本跟三轴加工类似，主要注意干涉问题。

任务要求

1．能够通过 UG 软件分析零件，确定零件加工刀具的选择。
2．掌握三轴加工刀轨参数的设置。
3．掌握 3+2 刀轴的概念及进退刀安全设置。

任务实施

（一）相关知识

1．一般加工流程

一般加工流程如图 3-1-1 所示。在 UG NX10.0 CAM 中的编程步骤主要有两步：创建操作和处理刀具轨迹得到机床能识别的代码，如图 3-1-2 和图 3-1-3 所示。

2．参数组

（1）创建几何体。

在 UG NX10.0 CAM 中一共有 6 种几何体，如图 3-1-4 所示。其中有些几何体直接在操作上创建更方便，不需要在“创建几何体”对话框内创建，比如切削区域、文字、加工边界。通过该对话框经常需要创建的几何体有坐标系和工件。

（2）创建方法。

创建方法是指设置加工余量及刀具有关参数。在 UG NX10.0 软件的创建工具栏中单击“创建方法”图标，打开“创建方法”对话框，如图 3-1-5 所示。根据操作类型的不同，在“创建方法”对话框的“类型”中选择相应的操作类型。比如铣孔需要选择的是平面铣类型，而不是孔加工类型，因为铣孔时加工余量与刀具直径无关，而与刀具的运动轮廓有关。

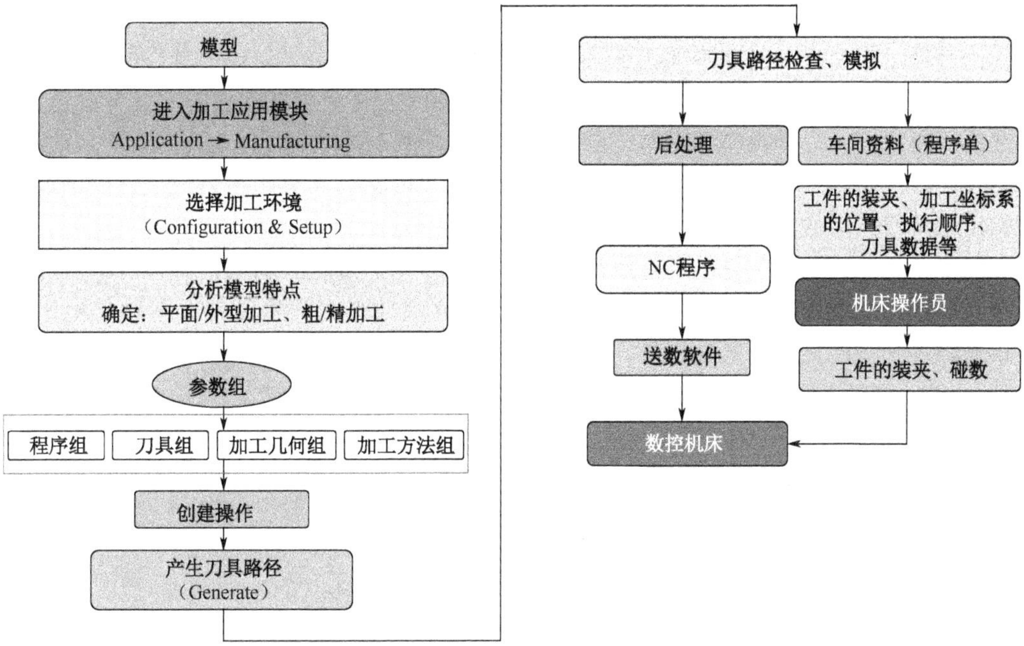

图 3-1-1　加工流程

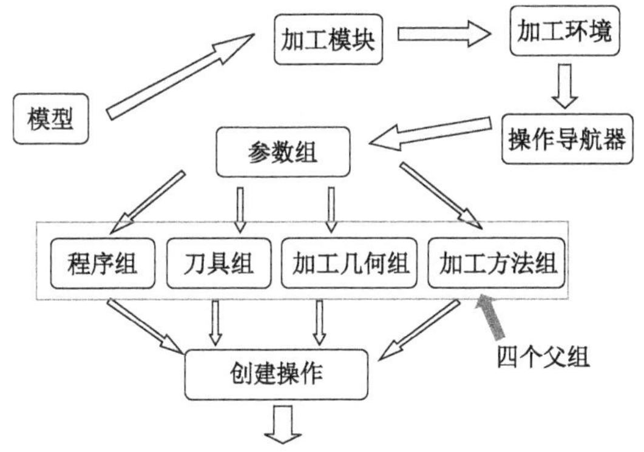

图 3-1-2　创建操作

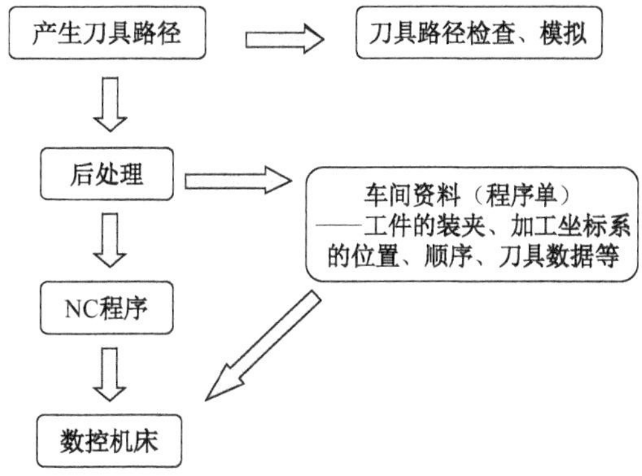

图 3-1-3　刀具轨迹

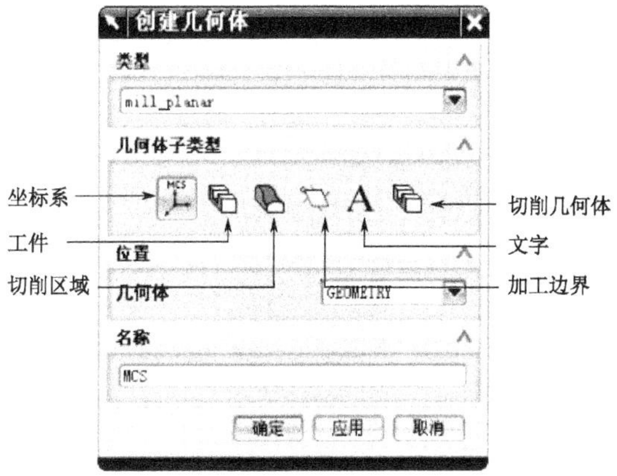

图 3-1-4　“创建几何体”对话框

图 3-1-5　“创建方法”对话框

（3）创建刀具。

刀具是切削材料的基本加工工具。在创建工具栏中单击“创建刀具”图标，打开“创建刀具”对话框，如图 3-1-6 所示。在 UG NX10.0 CAM 中可以创建的刀具有铣刀、车刀、钻头、镗刀等。每种操作都有对应的刀具，根据操作类型的不同，创建刀具时，在“创建刀具”对话框的“类型”中选择相应的操作类型。创建刀具有两种方法：从库中调用刀具和自定义刀具。

如图 3-1-7 所示为动态刀具预览，刀具显示为一个带有控制柄的实体，用户可以在零件表面拖曳或旋转刀具，也可以确认输入的刀具尺寸是否适合工件，帮助早期决策刀具和刀柄。

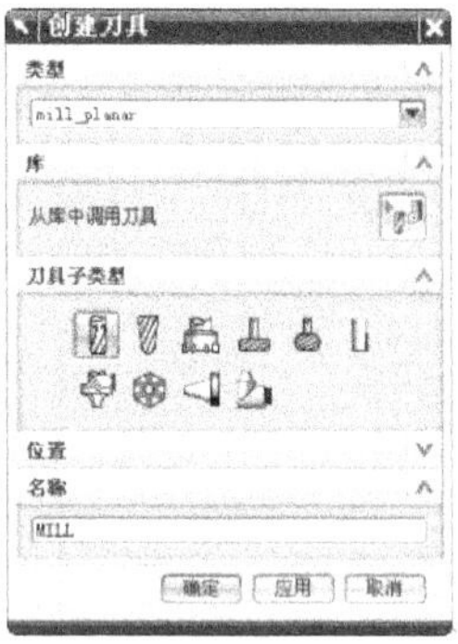

图 3-1-6　“创建刀具”对话框

图 3-1-7　动态刀具预览

（4）创建程序。

如果零件比较复杂，所创建的操作会过多，甚至使用的机床有多种类型。这样极易出现因用户管理操作不当，使操作放置杂乱，整理需要浪费大量的时间，甚至各操作在进行不同的后处理时容易发生混淆而造成事故。程序作为管理操作的文件夹，可以把不同种类的操作分组放置，这样便于修改和后处理。“创建程序”对话框如图 3-1-8 所示。

创建程序比较简单，输入程序名称即可。软件默认为第一个为 PROGRAM，第二个则为 PROGRAM_1，第三个为 PROGRAM_2，以此类推。创建其他的对象也是一样的命名规则。

（二）操作实践

【操作文件】

打开“项目三/3+2 定位加工”文件，如图 3-1-9 所示。

图 3-1-8　“创建程序”对话框

图 3-1-9　加工模型

【思路分析】

如图 3-1-9 所示，该零件是“3+2 定位”五轴加工中的典型案例，它可以用来作为检验五轴加工精度的零件。球面粗加工使用型腔铣加工，侧面用面铣与孔铣粗加工，然后变换旋转。球面精加工使用固定轮廓铣的曲面驱动加工，侧面用面铣加工与孔铣精加工，然后变换旋转。

1．工件安装。

使用三爪自动定心卡盘装夹工件，工件伸出比总高长 30mm，毛坯大小为ϕ80×100（单位为 mm）的铝棒。

2．确定加工坐标原点。

X—工件的中心；*Y*—工件的中心；*Z*—工件的上平面。

3．工步安排（表 3-1-1）。

表 3-1-1　工步安排

序号	加 工 内 容	加 工 方 式	刀　　具	转速（r/min）	进给（mm/r）
1	型腔铣开粗球面	型腔铣	*D*16 平刀	5000	1500
2	面铣开粗侧面	面铣	*D*10 平刀	5000	1500
3	孔铣开粗侧面孔	孔铣	*D*10 平刀	5000	1500
4	孔铣开粗上面孔	孔铣	*D*10 平刀	5000	1500
5	精加工侧面与孔	面铣	*D*10 平刀	6000	1000
6	精加工上面孔	孔铣	*D*10 平刀	6000	1000
7	精加工圆柱面	平面铣	*D*10 平刀	6000	1000
8	精加工球面	可变轴曲面轮廓铣	*R*5 球刀	6000	2000

【操作步骤】

1．进入加工模块。

选择“启动”→“加工(R)”命令，或者按“Ctrl+Alt+M”快捷键，进入加工模块，以便进行加工程序的编制操作。

2．创建加工坐标系。

选择“MCS_”命令，在“MCS 铣削”对话框中“指定 MCS”，选择毛坯的上表面中心，创建加工坐标系。指定平面后创建的安全平面如图 3-1-10 所示。

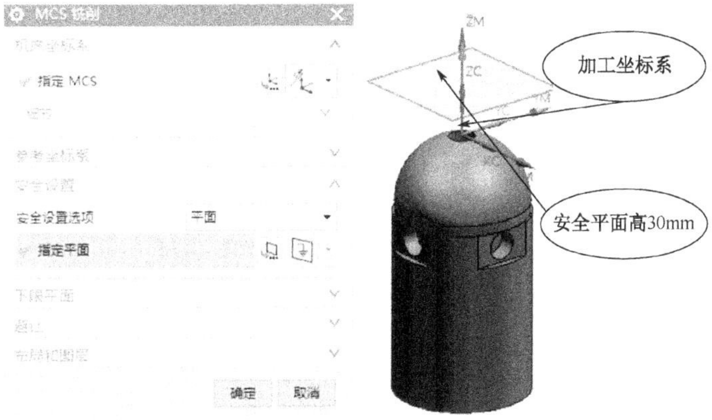

图 3-1-10　创建加工坐标系与安全平面

3．创建 WORKPIECE 几何体。

单击创建工具栏中的“WORKPIECE”图标，打开“工件”对话框，指定部件与毛坯，如图 3-1-11 所示。（说明：指定部件即指定零件。）

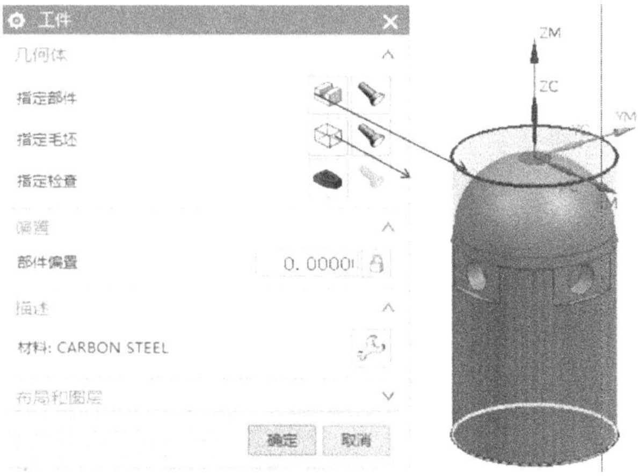

图 3-1-11　指定部件与毛坯

4．创建加工所用的刀具。

在创建工具栏中单击“创建刀具”图标，打开“创建刀具”对话框，如图 3-1-12 所示。在“刀具子类型”中选择对应的刀具类型，“名称”为“D16”，单击“应用”按钮。弹出“铣刀-5 参数”对话框，按图 3-1-13 所示进行参数设置，主要修改直径尺寸，其他参数采用默认设置。

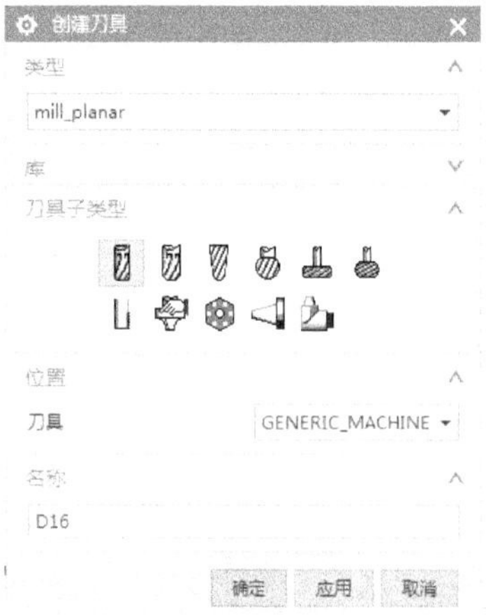

图 3-1-12　“创建刀具”对话框

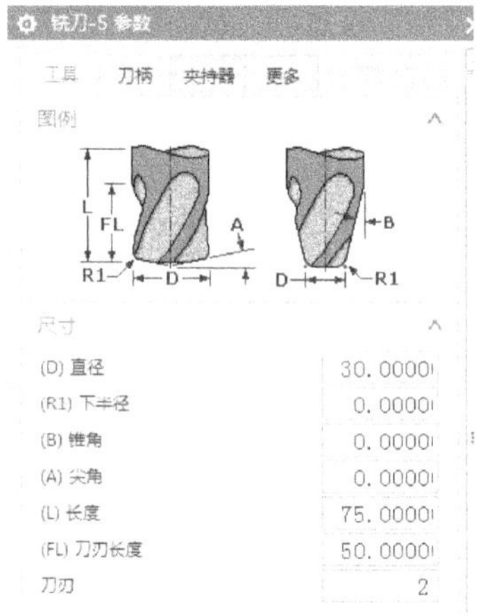

图 3-1-13　“铣刀-5 参数”对话框

5．型腔铣开粗球面。

（1）单击“ ”创建工序图标，在弹出的“创建工序”对话框中，“类型”选择“mill_contour”，“工序子类型”选择“ ”，“位置”中的参数设置如图 3-1-14 所示。

（2）设置操作参数。

单击图 3-1-14 所示对话框中的“确定”按钮，弹出“型腔铣”对话框，如图 3-1-15 所示。“刀轨设置”的参数设置如图 3-1-16 所示。再按图 3-1-17 所示设置好其他相关参数后，生成的刀轨如图 3-1-18 所示。

图 3-1-14 创建工序

图 3-1-15 “型腔铣”对话框

图 3-1-16 “刀轨设置”的参数设置

图 3-1-17 其他参数设置

6．面铣开粗侧面。

（1）按图 3-1-19 所示，进行“刀轴”和“刀轨设置”相关参数的设置。

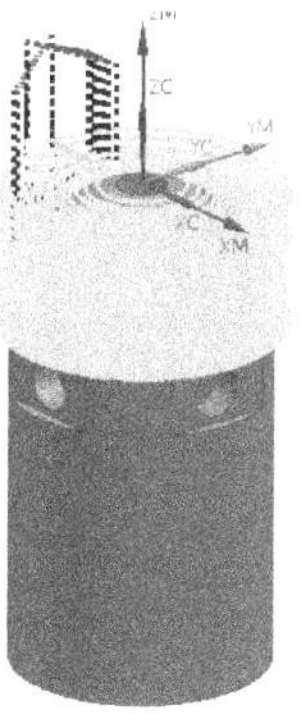

图 3-1-18 刀轨显示

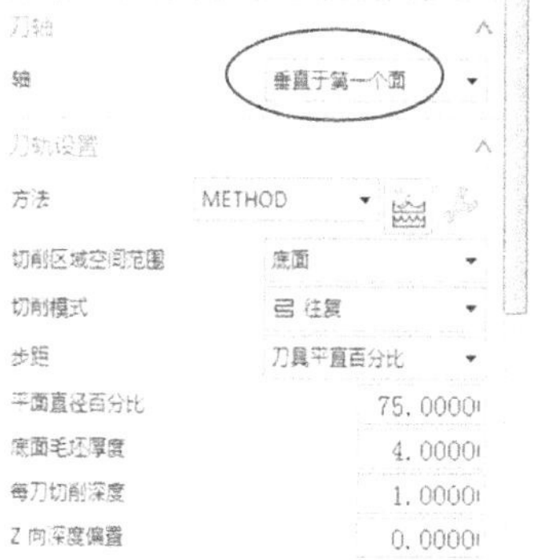

图 3-1-19 “刀轴”和“刀轨设置”相关参数的设置

（2）如图 3-1-20 所示，在“非切削移动”对话框中，单击“转移/快速”选项卡，设置“安全设置选项”为“圆柱”，设置好其他参数后生成的刀轨如图 3-1-21 所示。

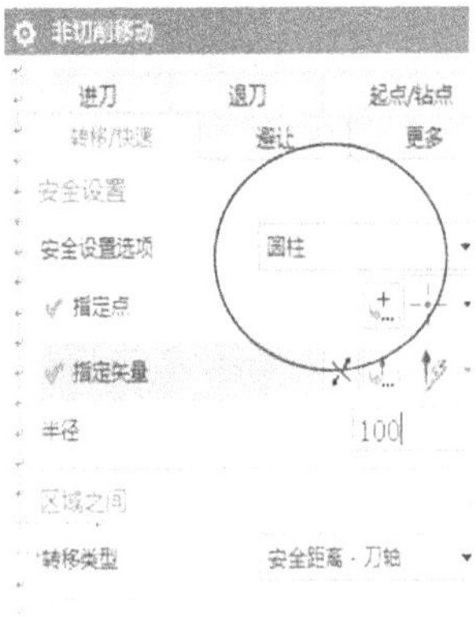

图 3-1-20　安全设置

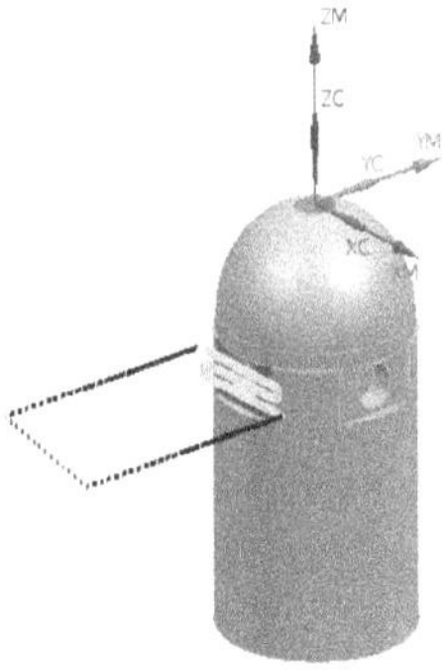

图 3-1-21　刀轨显示

7．孔铣开粗侧面孔。

（1）如图 3-1-22 所示，在打开的“孔铣”对话框中，设置好相关参数后，生成的刀轨如图 3-1-23 所示。

图 3-1-22　设置相关参数

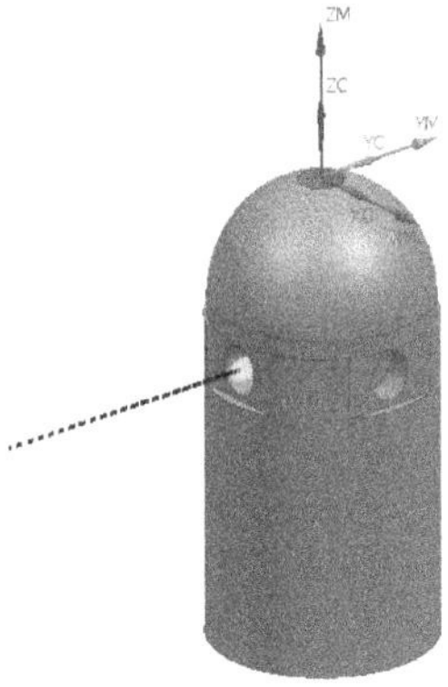

图 3-1-23　刀轨显示

（2）如图 3-1-24 所示，选择侧面铣（FLOOR_WALL）与孔铣（HOLE_MILLING），单击鼠标右键，在弹出的快捷菜单中选择“对象”→“变换”菜单命令，弹出的“变换”对话框如图 3-1-25 所示，在“结果”中选择“复制”，“非关联副本数”（复制个数）为“3”，生成的刀轨如图 3-1-26 所示。

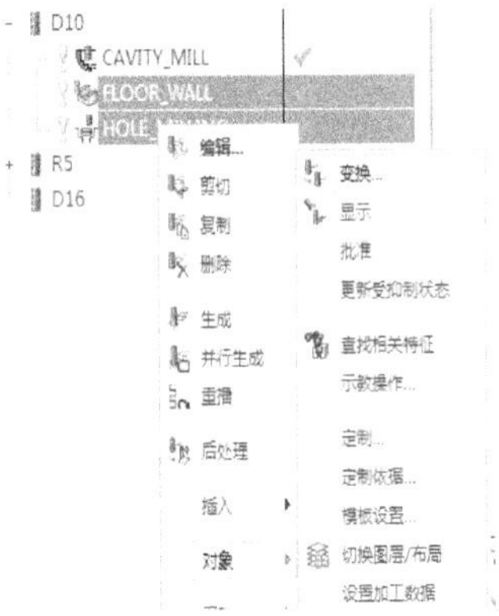

图 3-1-24　变换路径

图 3-1-25　“变换”参数设置

8．孔铣开粗上面孔。

孔铣开粗上面孔的刀轨设置跟侧面孔铣的设置方法一样，生成的刀轨如图 3-1-27 所示。

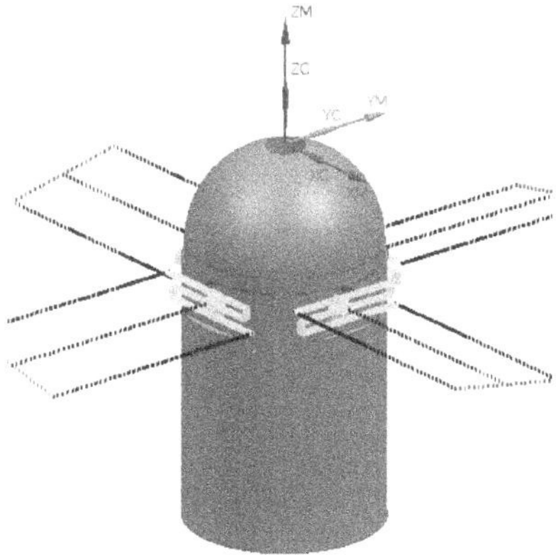

图 3-1-26　刀轨旋转

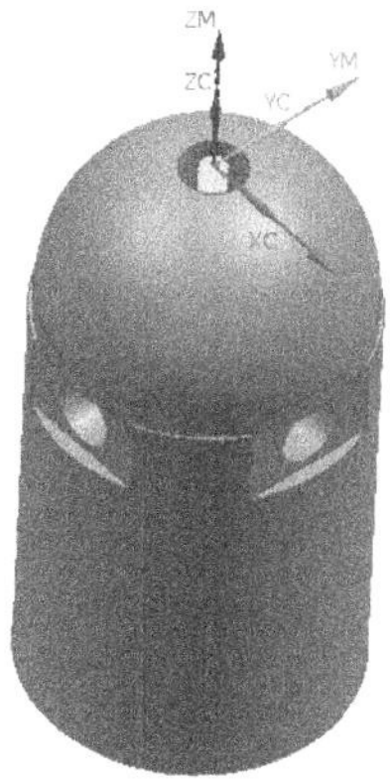

图 3-1-27　孔加工刀轨

9．精加工侧面与孔。

（1）复制前面粗加工侧面与孔的刀轨，修改其余量及其他参数，生成的刀轨如图 3-1-28 和图 3-1-29 所示。

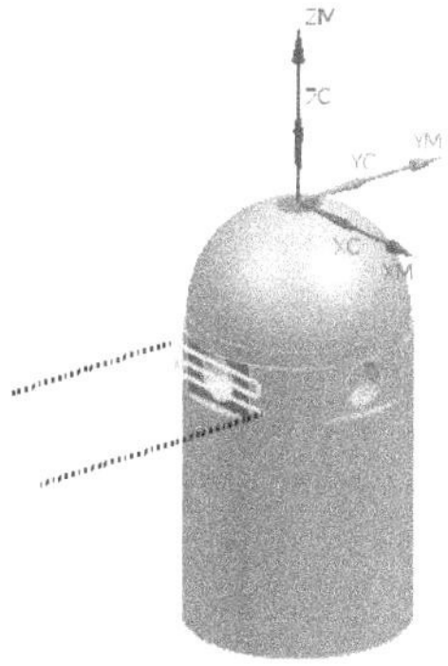

图 3-1-28　精加工侧面刀轨

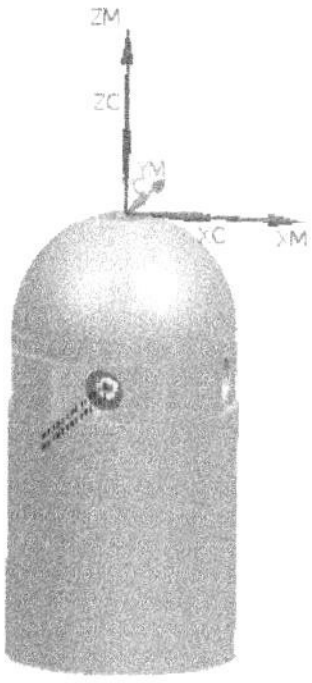

图 3-1-29　精加工孔刀轨

（2）选择侧面铣与孔铣精加工刀轨，单击鼠标右键，选择“对象”→“变换”菜单命令，弹出“变换”对话框，在“结果”中选择“复制”3 个，生成的刀轨如图 3-1-30 所示。

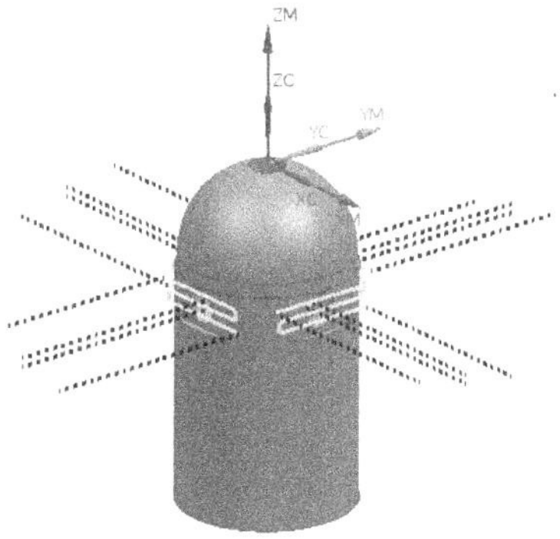

图 3-1-30　刀轨变换

10．精加工圆柱面。

（1）采用平面铣，设置“指定部件边界”“指定底面”参数，“切削模式”选择“轮廓”，如图 3-1-31 所示，生成的刀轨如图 3-1-32 所示。

图 3-1-31　平面铣参数设置

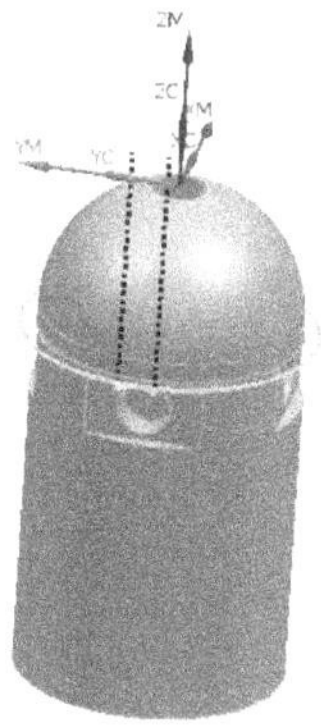

图 3-1-32　刀轨显示

11．精加工球面。

（1）按图 3-1-33 所示创建工序，注意“几何体”选择“MCS_MILL”。单击“确定”按钮，进入“固定轮廓铣”对话框，选择“驱动方法”为“曲面”，如图 3-1-34 所示。

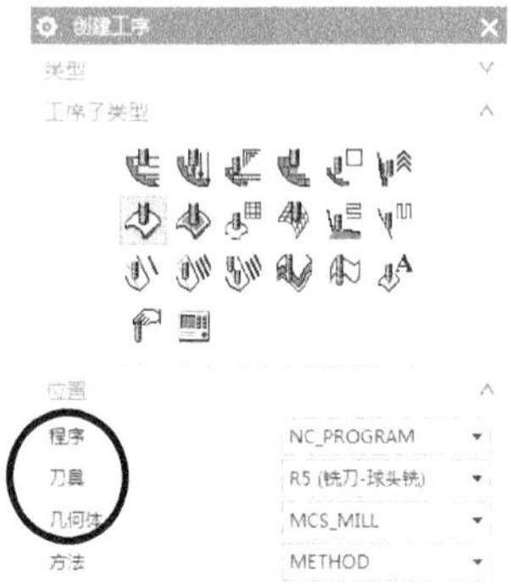

图 3-1-33　创建工序

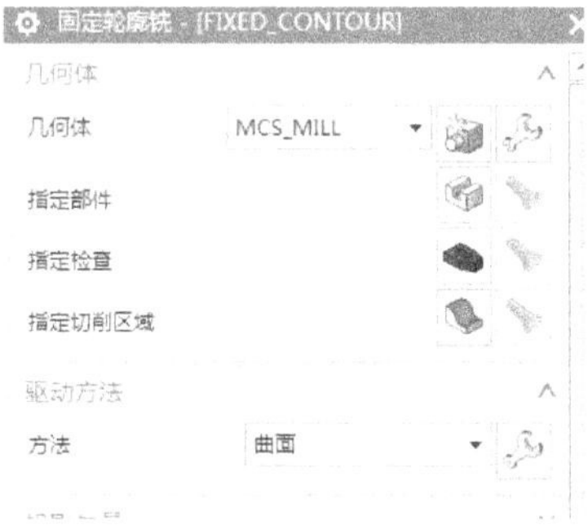

图 3-1-34　曲面驱动

（2）单击“ ”图标，打开“曲面区域驱动方法”对话框，具体设置如图 3-1-35 所示，指定正确的切削方向与材料方向，如图 3-1-36 所示。

图 3-1-35　“曲面区域驱动方法”对话框

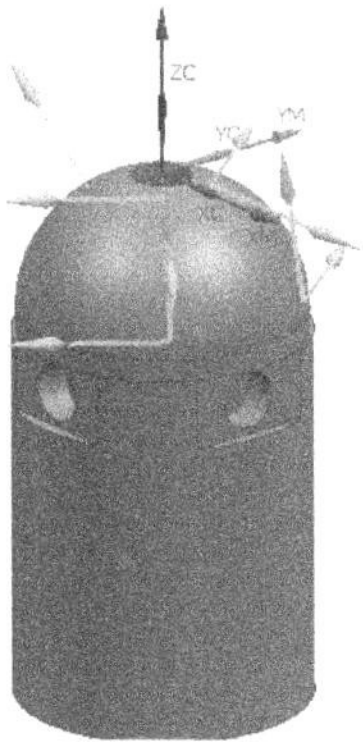

图 3-1-36　切削方向选择

（3）设置“驱动设置”与“内公差”“外公差”。如图 3-1-37 所示，“切削模式”为“螺旋”，“内公差”“外公差”分别为“0.005mm”，生成的刀轨如图 3-1-38 所示。

图 3-1-37　设置驱动设置与内外公差

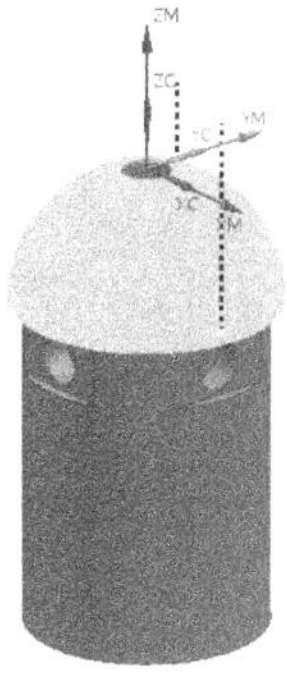

图 3-1-38　螺旋刀轨显示

【模拟仿真】

1．利用 Vericut 软件进行模拟仿真加工，设置机床与系统，如图 3-1-39 所示，通过导入对应的机床与控制系统，设定好加工夹具与毛坯。加工夹具与毛坯如图 3-1-40 所示。

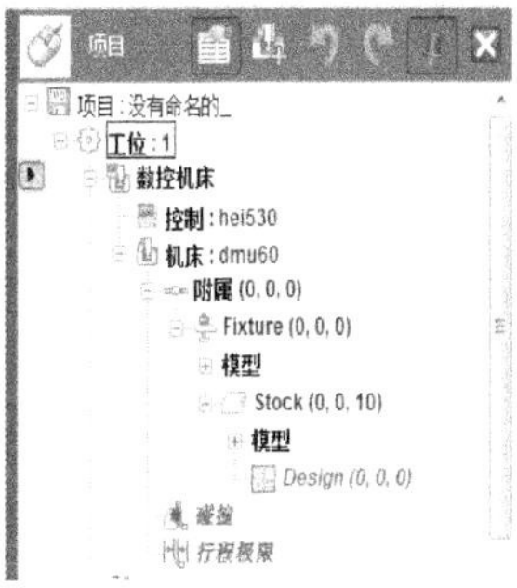

图 3-1-39　设置机床与系统

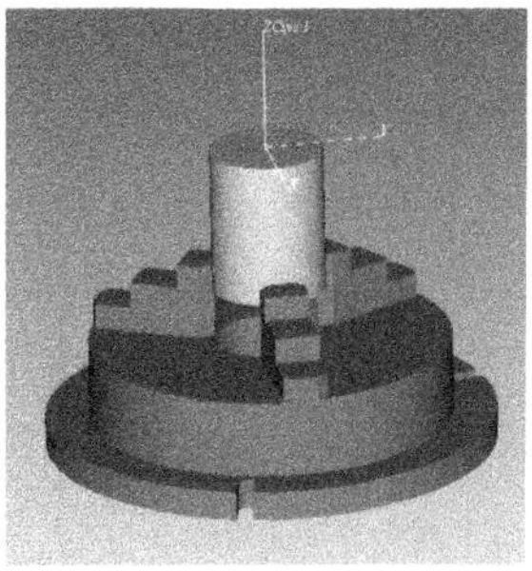

图 3-1-40　加工夹具与毛坯

2．设置好加工坐标系与 G 代码偏置（程序零点），添加加工所用的刀具与数控加工程序，如图 3-1-41 所示。机床切削模型如图 3-1-42 所示。

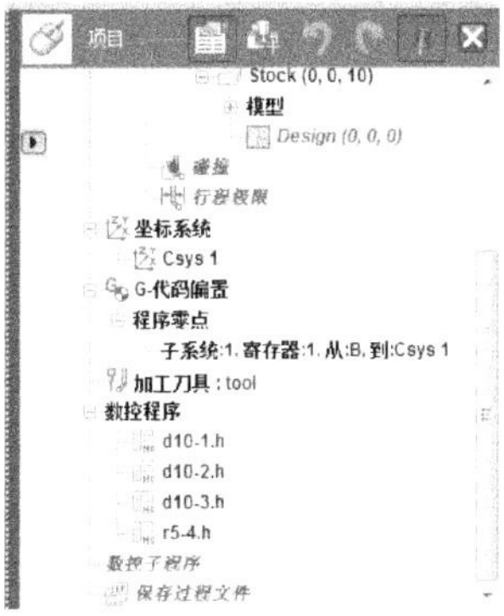

图 3-1-41　设置 G 代码偏置

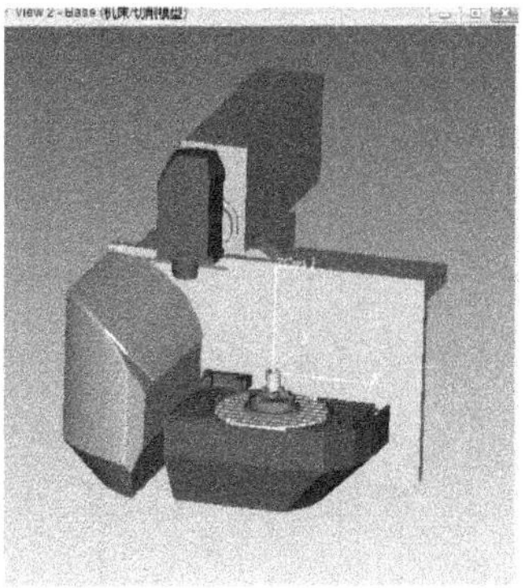

图 3-1-42　机床切削模型

3．按“▶”按钮，仿真加工并显示两种结果，加工零件显示如图 3-1-43 所示，机床切削模型如图 3-1-44 所示。

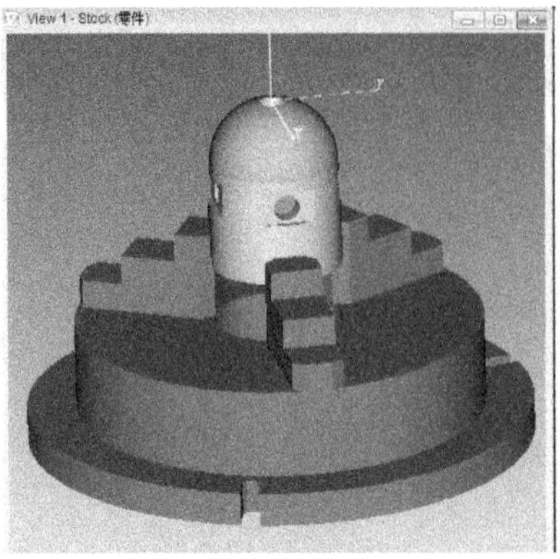

图 3-1-43　加工零件显示

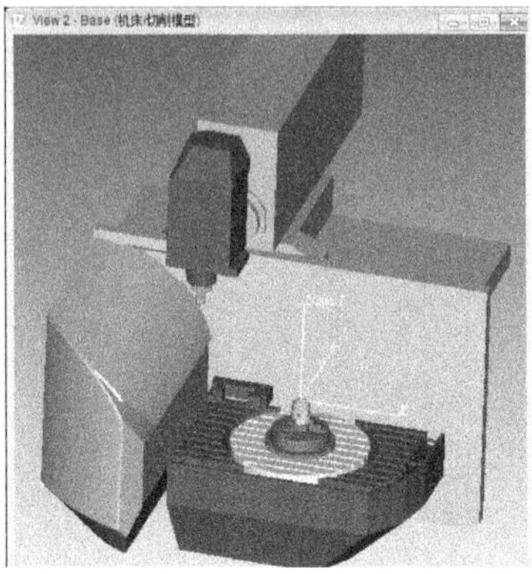

图 3-1-44　机床切削模型

任务评价

按照表 3-1-2，根据操作实践环节每个小组、每个同学的表现，从三个观察角度、不同的评价指标分别给予客观的评价。

表 3-1-2　多元评价表

序号	评价指标		自我评价			小组评价			教师评价		
			☺	😐	☹	☺	😐	☹	☺	😐	☹
1	专业技术能力	能合理安排加工工艺									
2		能熟练应用 UG 软件									
3		零件加工表面粗糙度满足要求									
4	职业方法能力	具备自我学习的能力									
5		具备信息处理的能力									
6		具备数字应用的能力									
7	职业社会能力	具备与人交流的能力									
8		具备与人合作的能力									
9		具备解决问题的能力									
10	总评										

任务总结

根据本次任务的学习、实践情况，结合任务评价，对完成任务的情况进行总结。

技能拓展

UG 加工的切削模式

UG 加工的切削模式如图 3-1-45 所示。

① 往复（Zig-Zag）。

② 单向（Zig）。

③ 单向轮廓（Zig with Contour）。

④ 跟随周边（Follow Periphery）。

⑤ 跟随部件（Follow Part）。

⑥ 摆线（Trochoidal）。

⑦ 轮廓（Profile）。

⑧ 标准驱动（Standard Drive）。

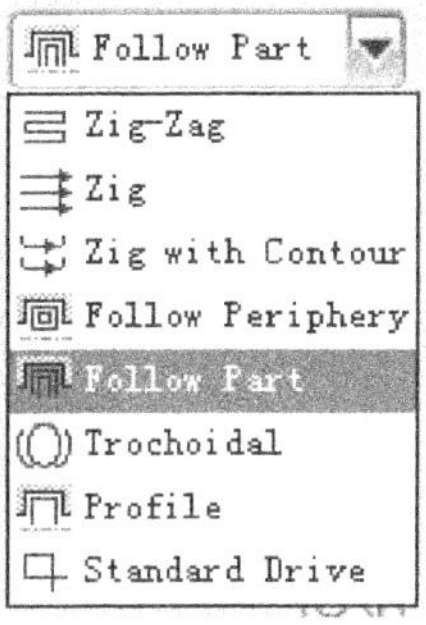

图 3-1-45　切削模式

（1）往复。

往复：创建一系列平行的线性刀路，彼此切削方向相反，但步进方向一致，指定“顺铣”或“逆铣”，方向不会影响此类型的切削行为，但却会影响其中用到的“清壁”操作的方向，如图 3-1-46 所示。

【注意】：打开“清壁”功能，可确保系统不会将多余材料都留在零件的壁上。

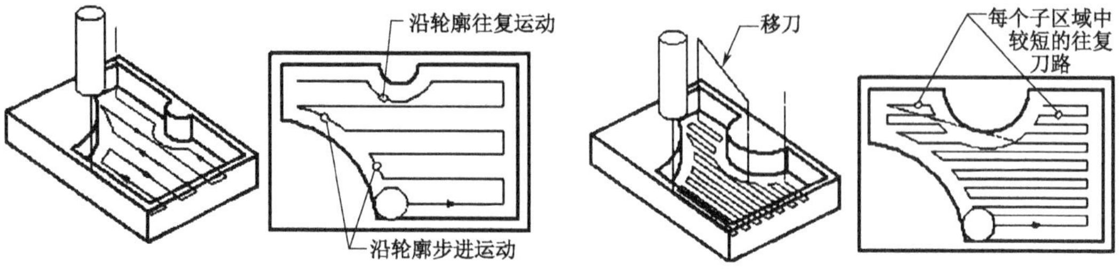

图 3-1-46　往复刀轨

（2）单向。

单向：与往复刀路类似，可创建一系列沿一个方向切削的线性平行刀路，单向将保持一致的“顺铣”或“逆铣”，如图 3-1-47 所示。

（3）单向轮廓。

单向轮廓：创建的单向切削模式将跟随两个连续单向刀路间的切削区域的轮廓，它将严格保持“顺铣”或“逆铣”，系统根据沿切削区域边缘的第一个单向刀路来定义“顺铣”或“逆铣”。单向轮廓刀轨如图 3-1-48 所示。

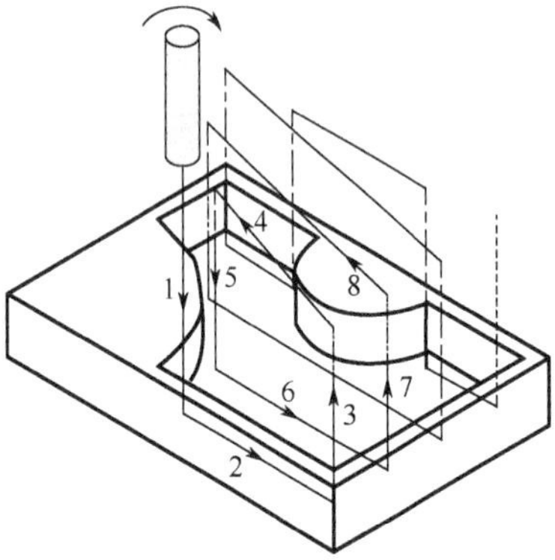

图 3-1-47　单向刀轨

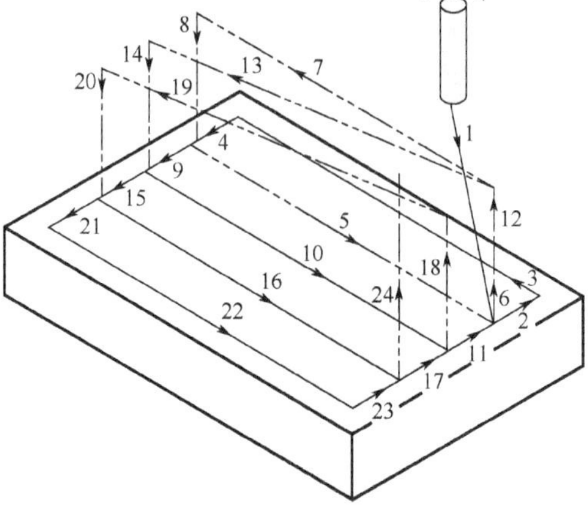

图 3-1-48　单向轮廓刀轨

（4）跟随周边。

跟随周边：创建的切削模式可生成一系列沿切削区域外轮廓形成的封闭同心刀路，通过偏置该区域的边缘环可以生成这种切削模式。与往复模式相似，“跟随周边”通过使刀具在步进过程中不断地进刀而使切削移动达到最大。除了将切削方向指定为“顺铣”或“逆铣”外，还必须将“腔体方向”指定为“向内”或“向外”，跟随周边刀轨如图 3-1-49 所示。

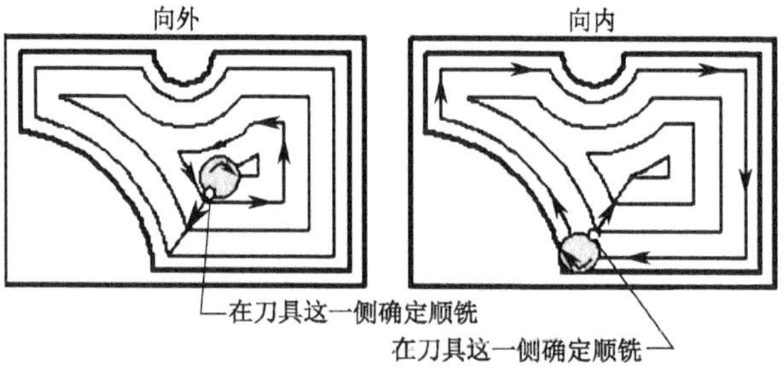

图 3-1-49　跟随周边刀轨

【注意】：使用“跟随周边”模式时一般应打开“壁清理”和“岛清理”。

（5）跟随部件。

跟随部件：通过从整个指定的“部件几何体”（要加工的零件几何体）中形成刀路来创建切削模式，与“跟随周边”不同，“跟随周边”只从由“部件”（零件）或“毛坯”几何体定义的周边环偏置，“跟随部件”通过从整个“部件几何体”中偏置来创建切削模式，“跟随部件”将严格保持“顺铣”或“逆铣”，“跟随部件”不允许指定“向内”或“向外”的“腔体方向”，如图 3-1-50 所示。（说明：为了和软件保持一致，软件上的“跟随部件”即跟随零件（Follow Part），“部件几何体”即要加工的零件几何体，“指定部件”即指定零件。）

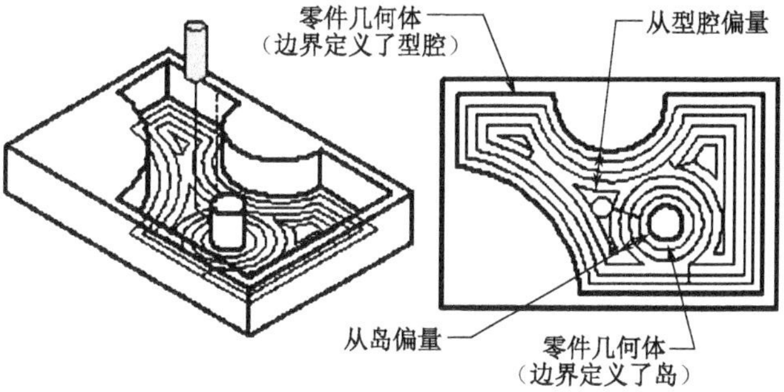

图 3-1-50　跟随部件刀轨

（6）摆线。

摆线：此切削模式采用回环控制嵌入的刀具。当需要限制过大的步距以防止刀具在完全嵌入切口时折断，且需要避免过量切削材料时，须使用此功能，摆线切削刀轨如图 3-1-51 所示。

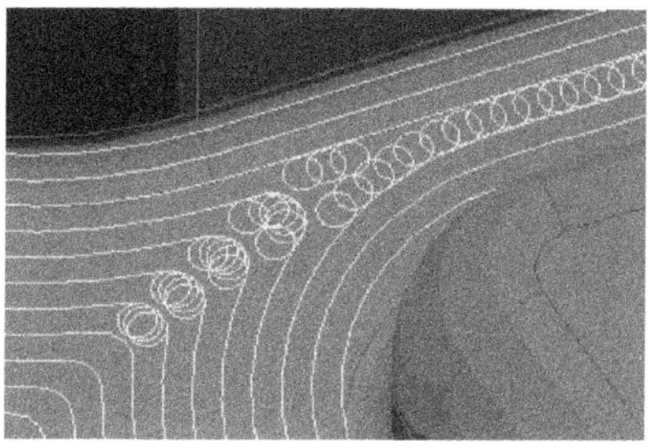

图 3-1-51　摆线切削刀轨

（7）轮廓。

轮廓：创建一条或指定数量的切削刀路来对部件（零件）壁面进行精加工，它可以加工开放区域，也可以加工封闭区域。轮廓铣刀轨如图 3-1-52 所示。

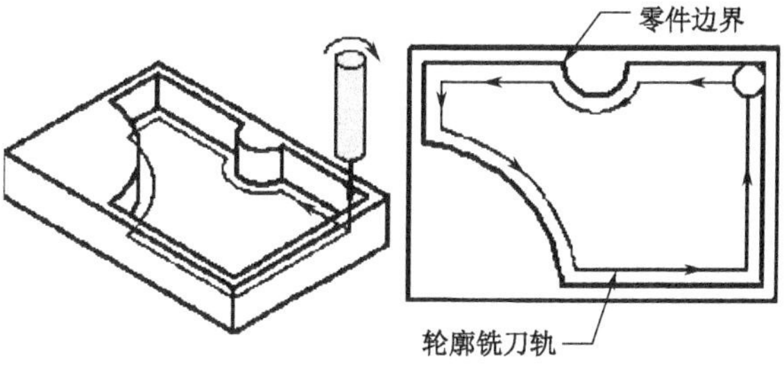

图 3-1-52　轮廓铣刀轨

（8）标准驱动。

标准驱动：（仅限平面铣）是一种轮廓切削方法，它允许刀具准确地沿指定边界运动，从而不需要再应用“轮廓铣”中使用的自动边界修剪功能。通过自相交选项，用户可以使用“标准驱动”来确定是否允许刀轨自相交，标准驱动刀轨如图 3-1-53 所示。

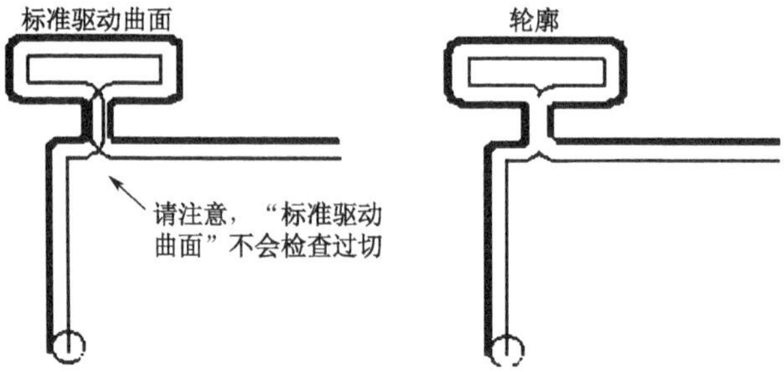

图 3-1-53　标准驱动刀轨

任务 2　“大力神杯”五轴加工

任务描述

“大力神杯”五轴加工是多轴加工中的一个经典案例，涉及“3+2 定位”加工中的多种参数设置与五轴加工中多种刀轴控制方法的使用。因为加工区域多，很容易发生加工干涉。所以要合理安排加工工艺，制订加工路线。通过 UG NX10.0 软件进行刀轨设置。

任务要求

1. 能够通过 UG NX10.0 软件分析零件，确定零件加工刀具。
2. 掌握型腔铣加工方法中干涉面的使用方法。
3. 掌握可变轴轮廓铣曲面区域驱动方法及相关参数设定。
4. 掌握可变轴轮廓铣中的刀轴控制，垂直于驱动体的使用方法及参数设定。

任务实施

（一）相关知识

1. 多轴加工基础

如图 3-2-1 所示为“可变轮廓铣”参数设置对话框。

（1）几何体。

零件几何体（PART GEOMETRY）：用于加工的几何体。

检查几何体（CHECK GEOMETRY）：检查几何体，使用户能够指定刀轨不能干扰的几何体（如零件壁、岛、夹具等）。当刀轨遇到检验曲面时，刀具退出，直至到达下一个安全的切削位置。

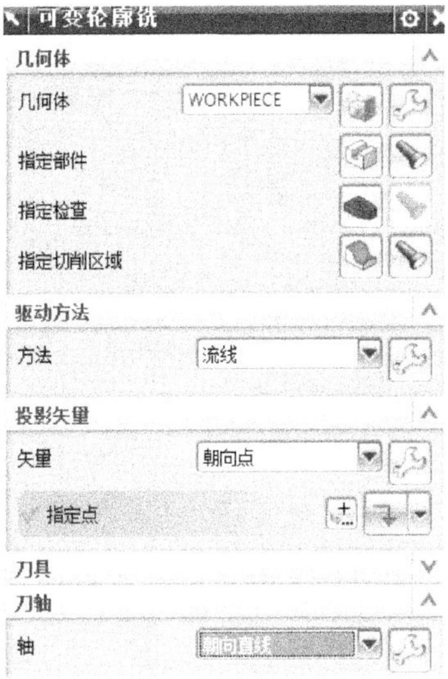

图 3-2-1 “可变轮廓铣”参数设置对话框

指定切削区域：加工区域。

（2）驱动方法。

驱动几何体（DRIVE GEOMETRY）：用来产生驱动点的几何体。

驱动点（DRIVE POINT）：从驱动几何体上产生的，将投射到零件几何体上的点。

驱动方法（DRIVE METHOD）：驱动点产生的方法，某些驱动方法在曲线上产生一系列驱动点，有的驱动方法则在一定面积内产生阵列的驱动点。

（3）投射矢量（PROJECT VECTOR）：用于指引驱动点怎样投射到零件表面。

（4）刀轴：定义为从刀尖方向指向刀具夹持器方向的矢量。

2．可变轴加工基础

如图 3-2-2 所示为驱动方法类型。

如图 3-2-3 所示为切削样式组合。

图 3-2-2 驱动方法类型

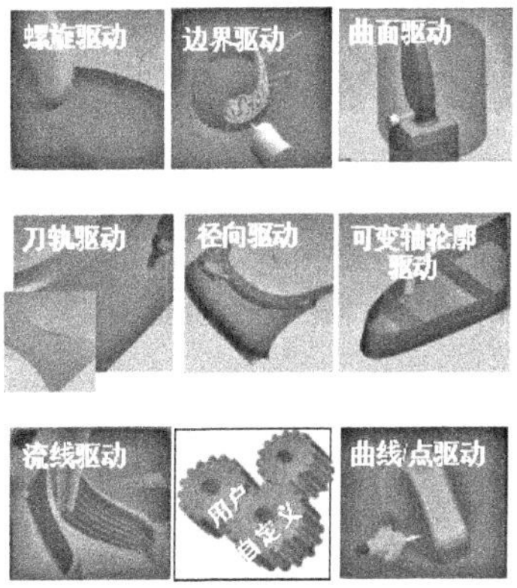

图 3-2-3 切削样式组合

3．投影

在驱动方法上建立驱动点，这些驱动点将沿驱动矢量方向投影到零件表面，并在刀尖建立最终刀具位置，如果没有选择零件表面将不进行投影，如图 3-2-4 所示。

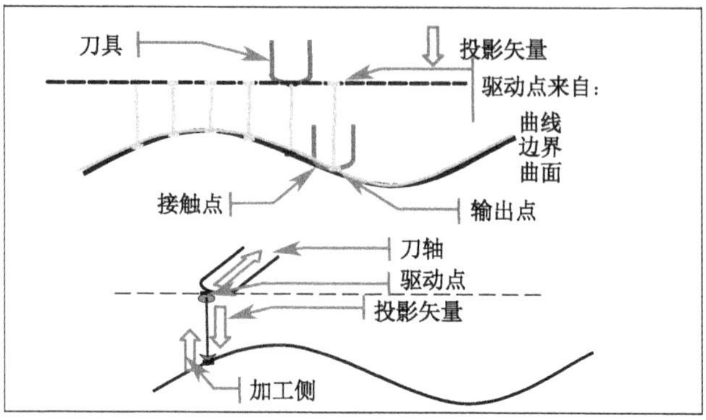

图 3-2-4　刀轴与投影矢量

【注意】：（1）投影矢量永远指向加工侧；（2）刀轴的矢量永远和投影方向相反（相对于零件表面）；（3）刀轴能单独控制。

4. 常用驱动方法

（1）螺旋式驱动。

驱动点在垂直于投影矢量并包含中心点的平面上创建，然后“驱动点”沿着投影矢量投影到所选择的零件表面上。“螺旋式驱动方法步距”产生的效果是光顺、稳定的向外过渡。此驱动方法保持一个恒定的切削速度和光顺运动，它对于高速加工应用程序很有用，如图 3-2-5 所示。

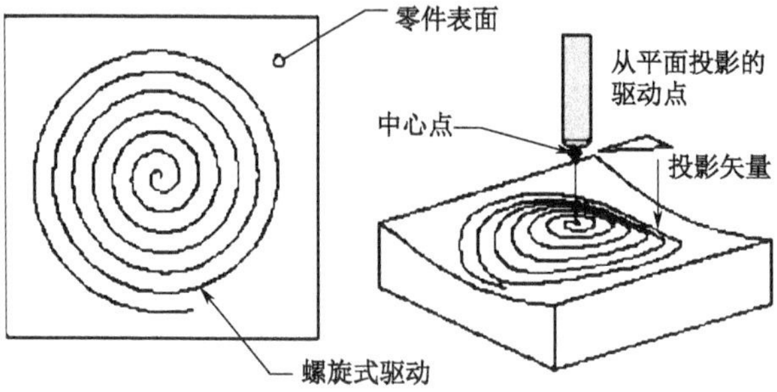

图 3-2-5　螺旋式驱动

（2）曲面驱动。

曲面驱动提供对“刀轴”和“投影矢量”的附加控制。“曲面区域驱动方法”不接受排列在不均匀的行和列中的“驱动曲面”或具有超出“链公差”的缝隙的“驱动曲面”，如图 3-2-6 所示。

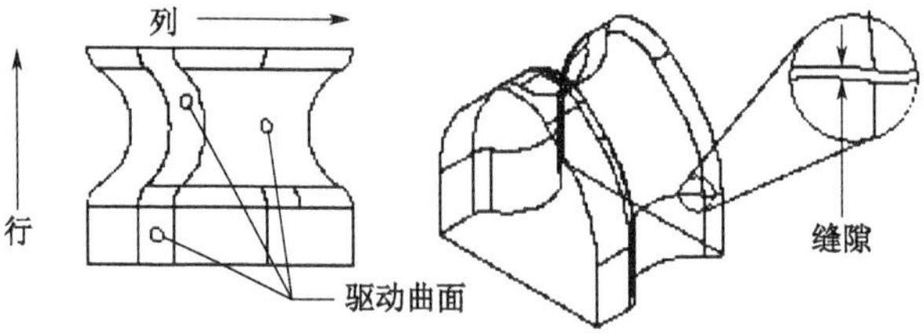

图 3-2-6　曲面驱动

“曲面区域驱动方法”提供对“刀轴”的最大控制。“可变刀轴”选项变成可用的，这允许用户根据“驱动曲面”定义“刀轴”。加工非常轮廓化的“零件表面”时，有时需要利用“附加的刀轴”控制以防止过大的刀具波动，如图 3-2-7 和图 3-2-8 所示。

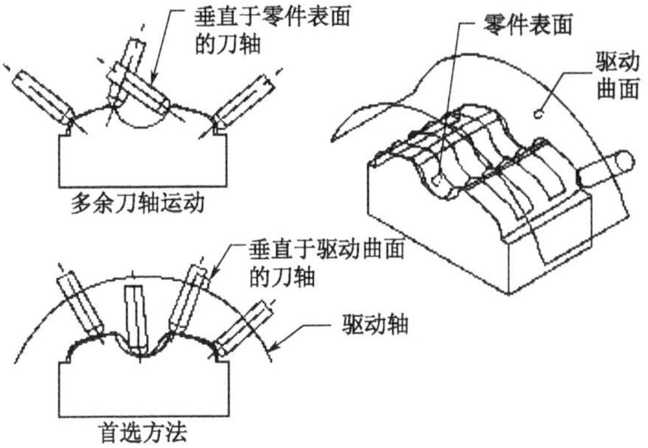

图 3-2-7　垂直于零件表面

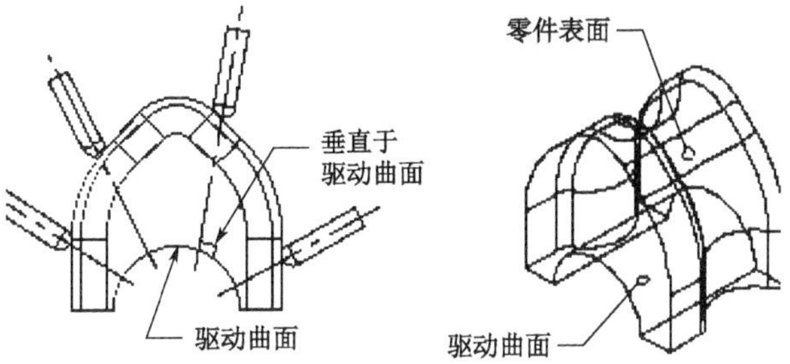

图 3-2-8　垂直于驱动曲面

（3）流线驱动。

流线驱动方法根据选中的几何体来构建隐式驱动曲面，如图 3-2-9 所示。通过选择流线曲线（*A*）和可选的交叉曲线（*B*）为流线驱动方法定义驱动曲面。选择面边缘、线框曲线或点来创建任意数目的流线曲线和交叉曲线组合。如果未选择交叉曲线，则软件使用线性段（*C*）将流线曲线的末端连接起来。

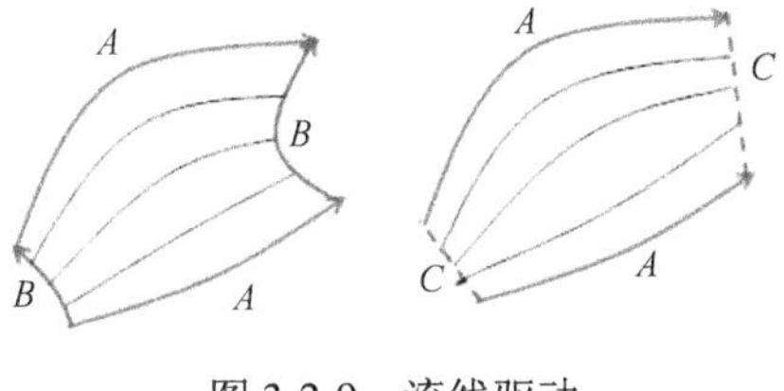

图 3-2-9　流线驱动

（二）操作实践

【操作文件】

打开“大力神杯零件”文件，如图 3-2-10 所示。

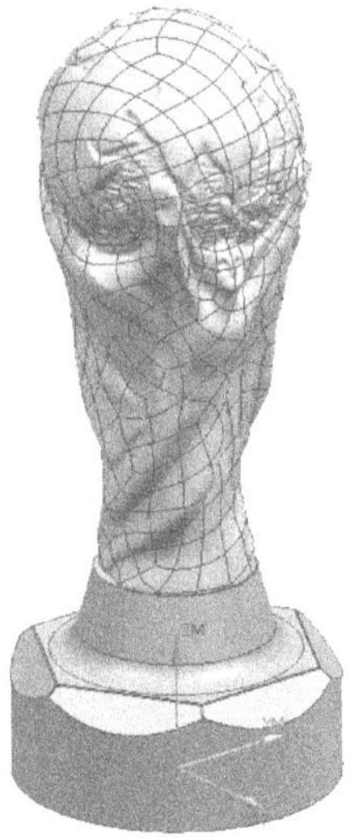

图 3-2-10　加工模型

【思路分析】

如图 3-2-10 所示，该零件是五轴加工中的典型案例，它是一个多曲面的零件且有很多小的加工位置。粗加工使用型腔铣加工，五轴加工曲面时，因工件类似回转类零件但不规则，所以要创建一个规则回转曲面作为驱动面，因此驱动方法使用曲面驱动，刀轴垂直于驱动体。一些小曲面的加工分大小刀多次清根加工去除。

1．工件安装。

使用三爪自动定心卡盘装夹自制夹具，采用抽螺丝的方式夹紧工件，毛坯大小为 ϕ60×145（单位为 mm）的铝棒。

2．确定加工坐标原点。

X—工件的中心；*Y*—工件的中心；*Z*—工件的底平面。

3．工步安排见表 3-2-1。

【操作步骤】

1．进入加工模块。

选择"启动"→"加工(R)"命令，或者按"Ctrl+Alt+M"快捷键进入加工模块，以便进行加工程序的编制操作。

2．创建加工坐标系。

单击"MCS"命令，"指定 MCS"，选择毛坯上表面中心，创建加工坐标系。创建的安全平面如图 3-2-11 所示。

表 3-2-1　工步安排

序号	加 工 内 容	加 工 方 式	刀　　具	转速（r/min）	进给（mm/r）
1	面铣加工反面	面铣	*D*20 平刀	6000	1000
2	钻孔 ϕ6.8	钻孔	ϕ6.8 钻头	1500	300
3	铣削 ϕ16 定位孔	平面铣	*D*12 平刀	5000	1500
4	倒角去毛刺	3D 轮廓	ϕ10 倒角刀	5000	1000
5	攻牙 M8	攻丝	丝锥 M8	300	375

续表

序号	加 工 内 容	加 工 方 式	刀 具	转速（r/min）	进给（mm/r）
6	型腔铣开粗正面	型腔铣	*D*12 平刀	6000	2000
7	型腔铣开粗反面	型腔铣	*D*12 平刀	6000	2000
8	曲面轮廓二粗加工	可变轴曲面轮廓铣	*R*5 球刀	6000	2000
9	曲面轮廓半精加工	可变轴曲面轮廓铣	*R*2 球刀	8000	2000
10	曲面轮廓精加工	可变轴曲面轮廓铣	*R*2 球刀	8000	2000
10	底座圆角精加工	可变轴曲面轮廓铣	*R*2 球刀	8000	2000
11	底座斜面精加工	面铣	*D*12 平刀	6000	1000
12	底座斜面倒角去毛刺	面铣	*D*12 平刀	6000	1000

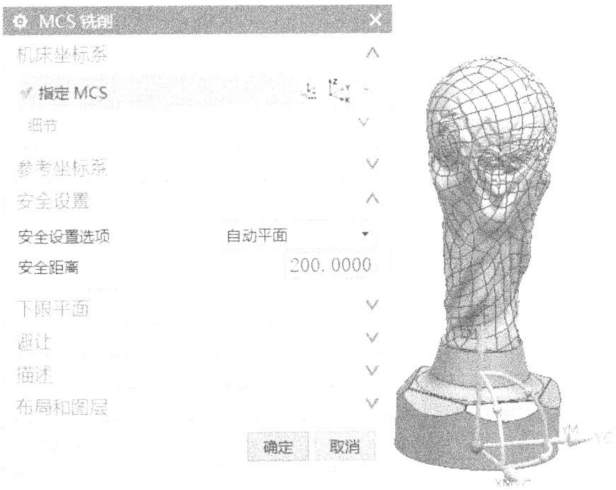

图 3-2-11　加工坐标系

3．创建 WORKPIECE 几何体。

单击“WORKPIECE”图标，设置“指定部件”与“指定毛坯”，如图 3-2-12 所示。

图 3-2-12　指定部件与毛坯

4．创建加工所用刀具。

在创建工具栏中单击“创建刀具”图标，弹出“创建刀具”对话框，如图 3-2-13 所示，

“刀具子类型”选择对应的类型，“名称”为“D20”，单击“应用”按钮。弹出“铣刀-5 参数”对话框，如图 3-2-14 所示，修改直径参数，其他参数采用默认设置。

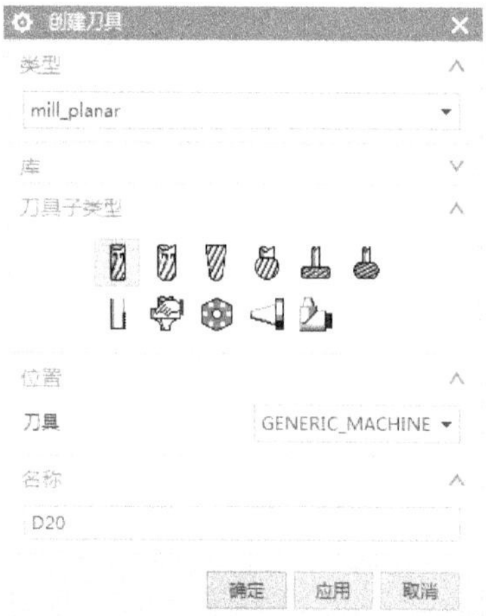

图 3-2-13 “创建刀具”对话框

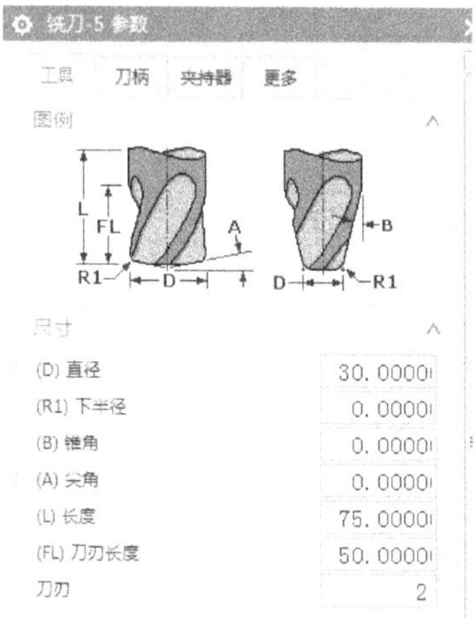

图 3-2-14 设置刀具参数

5．创建检查几何体。

单击“建模”→“创建基准平面”→“创建草图”→“拉伸草图曲线”命令，生成如图 3-2-15 所示的检查几何体。

6．型腔铣开粗正面。

（1）单击“ ”创建工序图标，在弹出的“创建工序”对话框中，“类型”选择“mill_contour”，“工序子类型”选择“ ”，“位置”中的参数设置如图 3-2-16 所示。

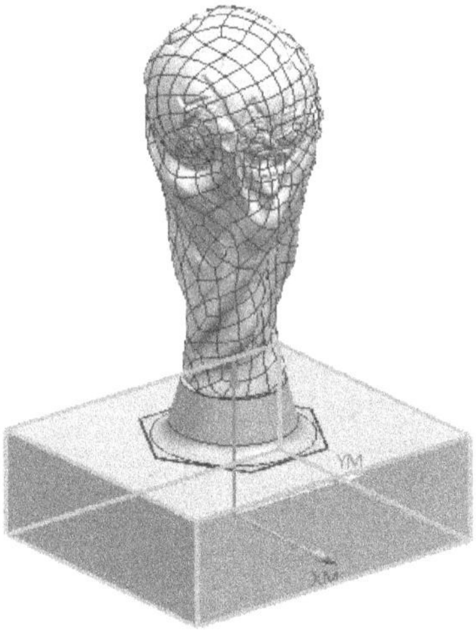

图 3-2-15 检查几何体

图 3-2-16 创建工序

（2）设置操作参数。

在如图 3-2-16 所示对话框中单击“确定”按钮，弹出“型腔铣”参数设置对话框，设置“指定检查”，如图 3-2-17 所示。（“指定检查”选择图 3-2-15 所示的干涉面）。

在“型腔铣”对话框中，设置“刀轴”中的“轴”为“指定矢量”，如图 3-2-18 所示。

选择检查几何体，如图 3-2-19 所示。设置“刀轨设置”参数，如图 3-2-18 所示。

图 3-2-17　设置“指定检查”

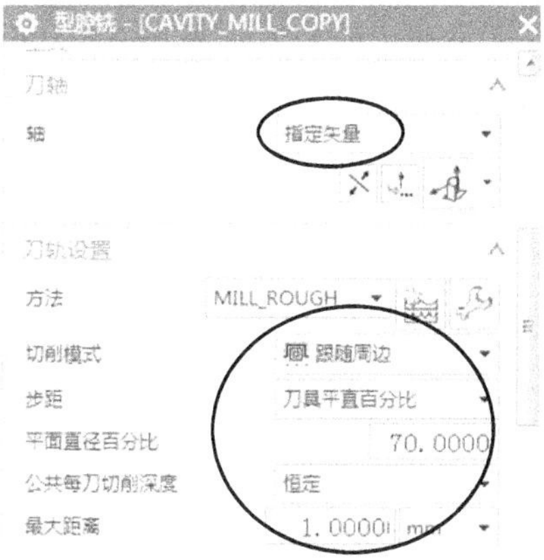

图 3-2-18　设置“刀轨设置”参数

图 3-2-19　选择检查几何体

其他参数设置如图 3-2-20 所示，设置好相关参数后生成的刀轨如图 3-2-21 所示。

图 3-2-20　其他参数设置

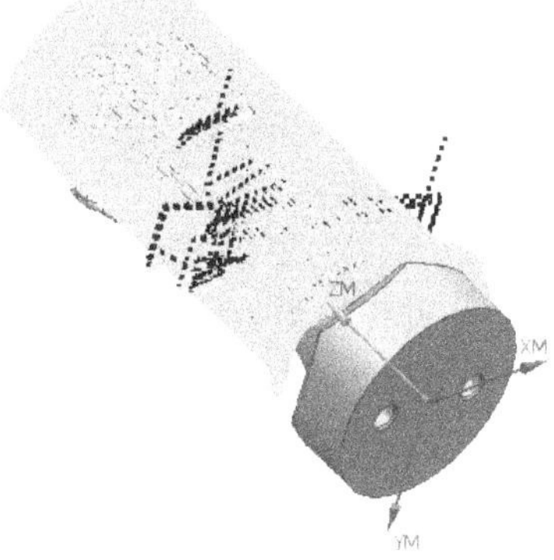

图 3-2-21　刀轨显示

多轴加工案例

7. 曲面轮廓二粗加工。

(1) 进入建模，选择“创建曲线”→“旋转曲线”→“生成曲面”命令，如图 3-2-22 所示。

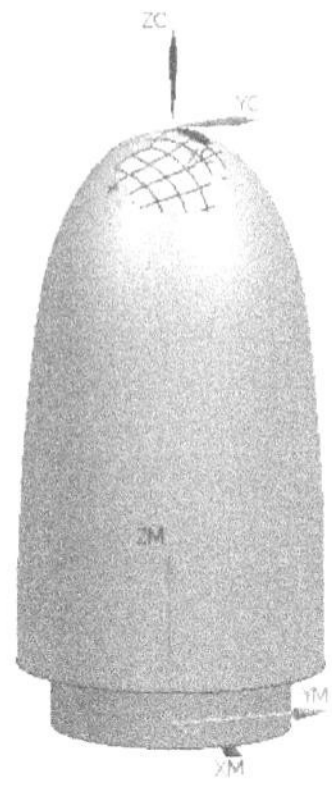

图 3-2-22 驱动面

(2) 在创建工具栏上单击“ ”创建工序图标，弹出“创建工序”对话框，如图 3-2-23 所示，“类型”选择“mill_multi-axis”，“工序子类型”选择“ ”(可变轴轮廓铣)。

图 3-2-23 “创建工序”对话框

(3) 单击“确定”按钮，进入“可变轴轮廓铣”参数设定对话框，“驱动方法”选择“曲面”，如图 3-2-24 所示。

(4) 单击“ ”图标，进入“曲面区域驱动方法”对话框，指定驱动几何体（选择旋转的曲面）并设置相关参数，如图 3-2-25 所示。

“投影矢量”“刀轴”的设置如图 3-2-26 所示，设置好其他参数后，生成的刀轨如图 3-2-27 所示。

图 3-2-24　选择曲面驱动

图 3-2-25　“曲面区域驱动方法”对话框

图 3-2-26　“投影矢量”“刀轴”的设置

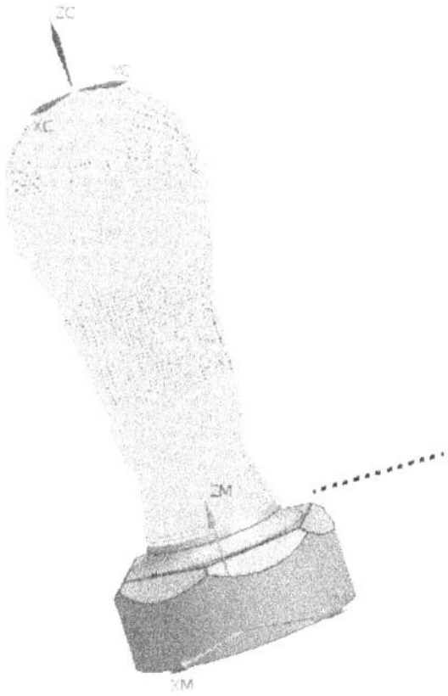

图 3-2-27　刀轨显示

8．曲面轮廓半精加工。

复制“曲面轮廓二粗加工”刀轨，修改加工刀具为“R2”，设置“驱动设置”相关参数，如图 3-2-38 所示，生成的刀轨如图 3-2-29 所示。

图 3-2-28　设置“驱动设置”相关参数

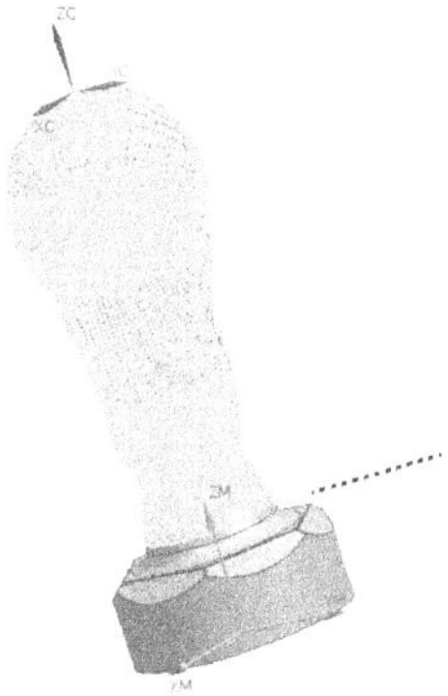

图 3-2-29　刀轨显示

9．曲面轮廓精加工。

复制“曲面轮廓半精加工”刀轨，设置“驱动设置”相关参数，如图 3-2-38 所示，修改“最大残余高度”为“0.003mm”，生成的刀轨如图 3-2-29 所示。

10．底座圆角精加工。

复制“曲面轮廓精加工”刀轨，修改其驱动面，设置“驱动设置”相关参数，如图 3-2-30 所示，生成的刀轨如图 3-2-31 所示。

图 3-2-30　设置“驱动设置”相关参数

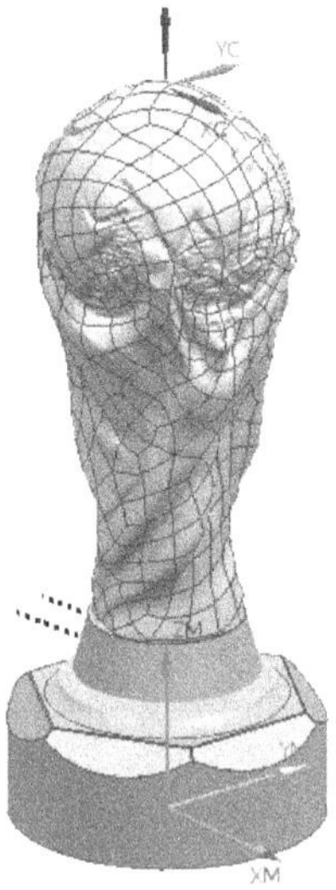

图 3-2-31　刀轨显示

11．底座斜面精加工与倒角加工。

使用面铣加工，选择加工所需的面，非切削安全设置图 3-2-32 所示，使用刀轨变换旋转功能旋转刀轨，生成的刀轨如图 3-2-33 所示。

图 3-2-32　非切削安全设置

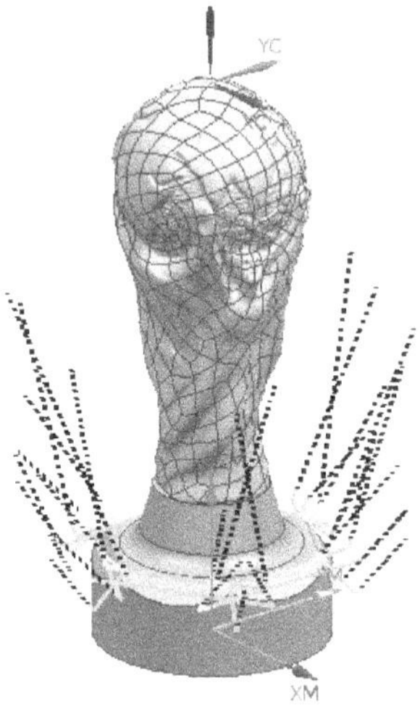

图 3-2-33　刀轨显示

12．分别选择正反面刀轨，单击确认刀轨按钮“ ”，选择 3D 动态进行仿真加工，如图 3-2-34 所示为反面仿真显示结果，图 3-2-35 所示为正面仿真显示结果。

图 3-2-34　反面仿真显示

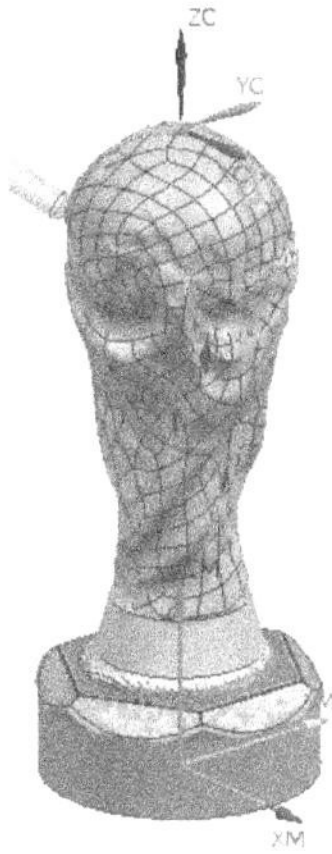

图 3-2-35　正面仿真显示

【模拟仿真】

1．利用 Vericut 软件进行模拟仿真加工，如图 3-2-36 所示，通过导入对应的机床与控制系统，设定好加工夹具与毛坯。加工夹具与毛坯如图 3-2-37 所示。

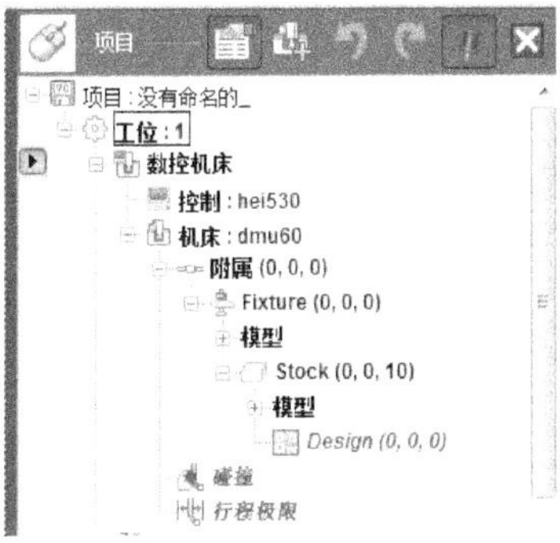

图 3-2-36　设置机床与系统

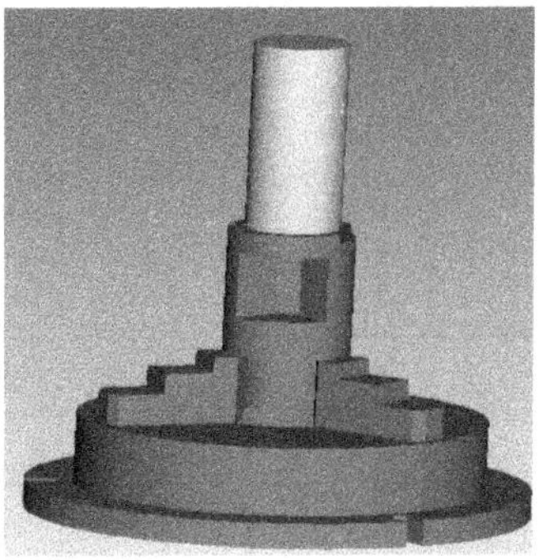

图 3-2-37　加工夹具与毛坯

2．设置好加工坐标系与 G 代码偏置（程序零点），添加加工所用的刀具与数控加工程序，如图 3-2-38 所示。机床切削模型如图 3-2-39 所示。

3．设置好所有步骤后，按“”按钮，仿真加工并显示两种加工界面，零件仿真加工如图 3-2-40 所示，机床模拟加工如图 3-2-41 所示。

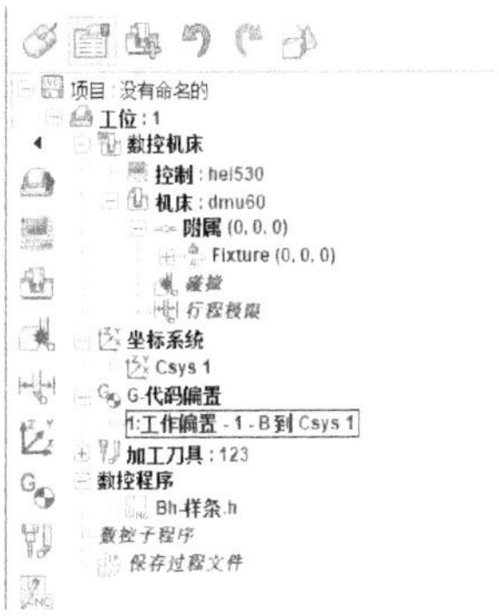

图 3-2-38　设置 G 代码偏置

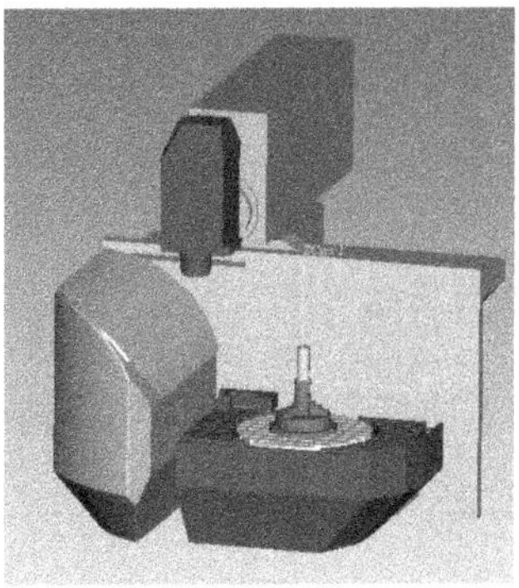

图 3-2-39　机床切削模型

图 3-2-40　零件仿真加工

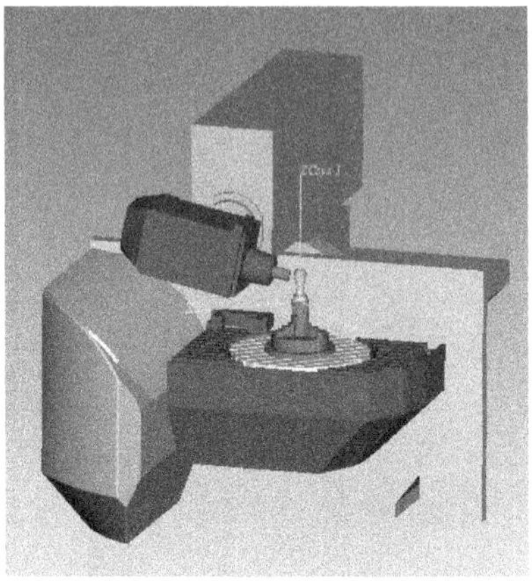

图 3-2-41　机床模拟加工

任务评价

按照表 3-2-2，根据操作实践环节每个小组、每个同学的表现，从三个观察角度、不同的评价指标分别给予客观的评价。

表 3-2-2　多元评价表

序号	评价指标		自我评价			小组评价			教师评价		
			☺	😐	☹	☺	😐	☹	☺	😐	☹
1	专业技术能力	能合理安排加工工艺									
2		能熟练应用 UG 软件									
3		零件加工表面粗糙度满足要求									
4	职业方法能力	具备自我学习的能力									
5		具备信息处理的能力									
6		具备数字应用的能力									
7	职业社会能力	具备与人交流的能力									
8		具备与人合作的能力									
9		具备解决问题的能力									
10	总评										

任务总结

根据本次任务的学习、实践情况，结合任务评价，对完成任务的情况进行总结。

技能拓展

UG 可变轴加工基础

投影矢量： 允许定义驱动点投影到零件表面的方式，以及刀具接触的零件表面侧，驱动点沿投影矢量投影到零件表面，刀具总是从投影矢量逼近的一侧定位到零件表面上，投影矢量类型取决于驱动方法。投影矢量类型如图 3-2-42 所示。

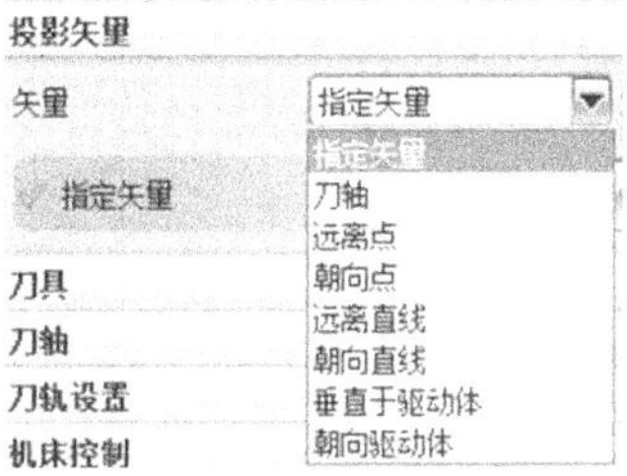

图 3-2-42　投影矢量类型

【注意】： 选择投影矢量时应小心，避免出现投影矢量平行于刀轴矢量或垂直于零件表面法向的情况。这些情况可能引起刀轨的竖直波动。

1．刀轴。

刀轴允许用户根据现有的“刀轴”定义一个“投影矢量”。使用“刀轴”时，“投影矢量”总是指向“刀轴矢量”的相反方向，刀轴的投影矢量如图 3-2-43 所示。

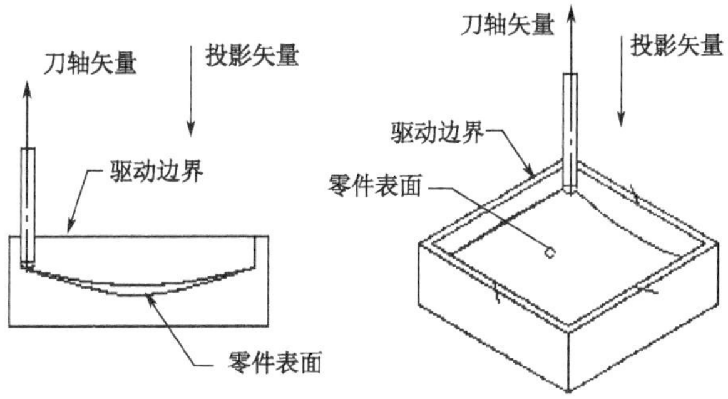

图 3-2-43　刀轴的投影矢量

【注意】：如果刀轴在“接触点”处与“零件表面”法向相关（垂直、相对和 4 轴刀轴选项），则不能沿着“刀轴”进行投影。

2．指向点。

指向点允许用户创建从“零件表面”延伸至指定焦点的“投影矢量”。此选项可用于加工焦点在球面中心处的外侧球形（或类似球形）曲面，指向点的投影矢量如图 3-2-44 所示。

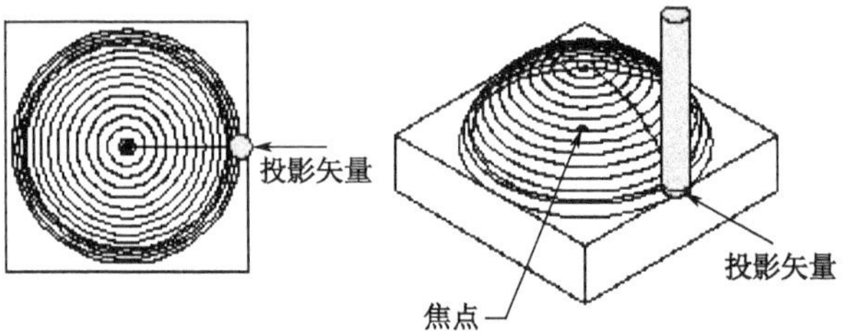

图 3-2-44　指向点的投影矢量

3．离开点。

离开点允许用户创建从指定的焦点向“零件表面”延伸的“投影矢量”。此选项可用于加工焦点在球面中心处的内侧球形（或类似球形）曲面。“驱动点”沿着偏离焦点的直线从“驱动曲面”投影到“零件表面”。焦点与“零件表面”之间的最小距离必须大于刀具半径，离开点的投影矢量如图 3-2-45 所示。

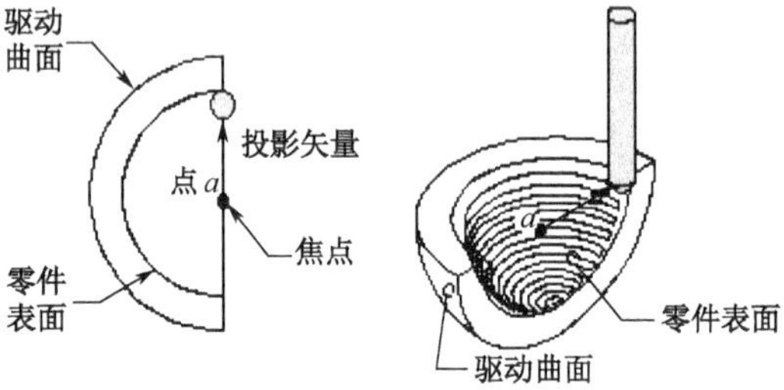

图 3-2-45　离开点的投影矢量

4．指向直线。

指向直线允许用户创建从“零件表面”延伸至指定直线的“投影矢量”。此选项有助于加工外部圆柱面，其中指定的直线作为圆柱中心线。刀具的位置将从“零件表面”的外侧移到中心线。“驱动点”沿着向所选聚焦线收敛的直线从“驱动曲面”投影到零件表面，指向直线的投影矢量如图 3-2-46 所示。

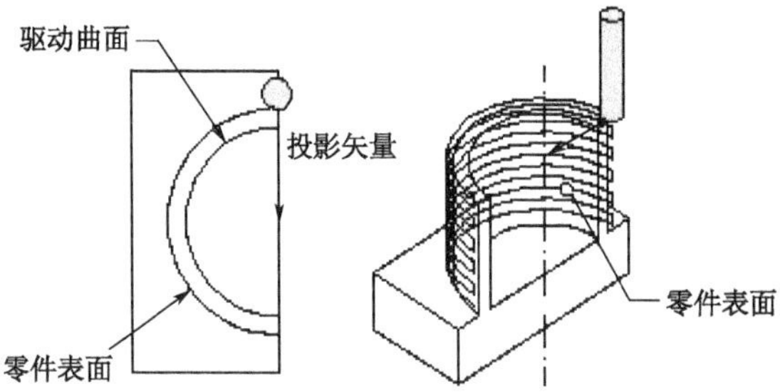

图 3-2-46　指向直线的投影矢量

5．离开直线。

离开直线允许用户创建从指定的直线延伸至零件表面的“投影矢量”。“投影矢量”作为从中心线延伸至“零件表面”的垂直矢量进行计算。此选项有助于加工内部圆柱面，其中指定的直线作为圆柱中心线。刀具的位置将从中心线移到“零件表面”的内侧。“驱动点”沿着偏离所选聚焦线的直线从“驱动曲面”投影到零件表面。聚焦线与“零件表面”之间的最小距离必须大于刀具半径，离开直线的投影矢量如图 3-2-47 所示。

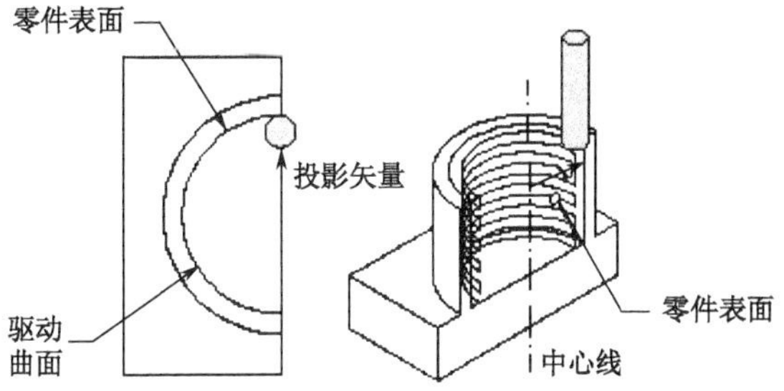

图 3-2-47　离开直线的投影矢量

6．垂直于驱动。

“投影矢量”作为“驱动曲面”材料侧垂直法向矢量的反向矢量进行计算。此选项使用户能够将“驱动点”均匀分布到凸起程度较大的零件表面（相关法线超出 180° 的零件表面）上，垂直于驱动曲面的投影矢量如图 3-2-48 所示。

【注意】：因为“投影矢量”方向以“材料侧法向矢量”的反向矢量进行计算，因此正确定义“材料侧法向矢量”是十分重要的。

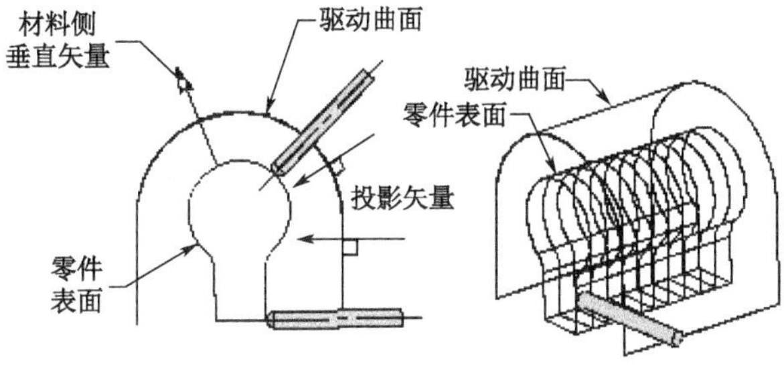

图 3-2-48　垂直于驱动曲面的投影矢量

7．朝向驱动体。

如果使用了“曲面区域驱动方法”，则应使用“朝向驱动体”投影矢量以避免铣削到计划外的零件几何体。

（1）此设计用于型腔铣，驱动曲面位于零件内部。

（2）投影从距驱动曲面较短距离的位置处开始（“垂直于驱动曲面”的投影则从无穷远处开始）。

（3）刀轨受驱动曲面边界的限制。

8．投影矢量选项使用注意事项如下。

（1）刀轴或指定矢量。

矢量与目标平面不平行时使用这些选项。

（2）远离点、朝向点和远离直线、朝向直线。

拥有一组曲面，但其中的单一矢量角度不足以代表所有曲面时，使用这些选项。离开或指向指定的点或直线进行投影时，请确保选择的点或直线所在的位置可保证刀具可以抵达整个要切削的区域。使用“远离点”时，请确保刀尖位于点或直线上时刀具不会过切工件。加工型腔时使用“远离点”或“远离直线”。加工型芯时使用“朝向点”或“朝向直线”。

这些选项不依赖于驱动曲面法线，并且非常适用于处理刀具半径大于零件特征（圆角半径、拐角等）的零件。

（3）垂直于驱动体和朝向驱动体。

驱动曲面法线已进行适当定义并且变化非常平滑时使用这些选项。使用“朝向驱动体”加工型腔，使用“垂直于驱动体”加工型芯。在刀具半径大于零件特征（圆角半径、拐角等）的情况下，它们可能不适用。

任务3 “叶轮”五轴加工

任务描述

叶轮类零件是机械装备行业重要的典型零件，在能源动力、航空航天、石油化工、冶金等领域应用广泛。

叶轮的造型涉及空气动力学、流体力学等多个学科，叶轮所采用的加工方法、加工精度和加工表面质量对其最终的性能参数有很大的影响。随着数控技术、CAM技术的发展，叶轮的加工技术也日新月异。本任务为基于UG NX10.0对叶轮零件的加工进行刀轨设置。

任务要求

1. 了解叶轮类零件在实际生活中的应用。
2. 掌握叶轮类零件几何体的各个组成部分。
3. 掌握UG叶轮加工模块的加工流程与参数设定。
4. 能独立完成叶轮零件刀轨的设置与实操加工。

任务实施

（一）相关知识

叶轮类零件是一类具有代表性且造型比较规范的、典型的通道类复杂零件，它在能源动力、航空航天、石油化工、冶金等行业中有广泛的应用，如航空发动机上的整体叶轮、坦克发动机的增压器叶轮、水泵及压缩机叶轮等。这类零件的设计涉及空气动力学、流体力学等多个学科，曲面加工手段、加工精度和加工表面质量对其性能参数都有很大的影响。传统的叶轮生产一般采用铸造成型后修光的方法，但是随着设计理论的发展，叶轮类的零件工作面日趋复杂，模具制造的难度比较大，制造成本高，叶片精度难以保证，而且叶片的表面光洁度差，容易造成应力集中，产生气蚀，使叶轮的动平衡性能差等缺点。

叶轮由于特殊的用途经常选用弹性模量较大、机械性能较好的合金材料，材料的加工性能特殊。叶轮叶片薄，但悬壁长度相对较长，同时由于复杂的空间几何形状，其加工需使用细长工具和多轴联动机床。所以，叶轮从产品设计、加工制造到维修长期以来一直是困扰广大科技人员的技术难题，叶轮的加工技术一直受到国外的严密封锁。

叶轮是流体机械中流体与机械进行能量转换的中介装置，一般由轮毂、叶片等组成。当流体流经叶轮时，流体冲击叶片，叶片使流体的运动速度（方向或大小）发生改变，由于介质的惯性作用产生作用于叶片的力，从而使叶轮转动。随着叶轮的转动，流体的压力发生改变，从而使流体能转化为流体机械的机械能。

作为动力机械的关键部件，整体式叶轮广泛应用于航空航天等领域，其加工技术一直是制造业中的一个重要课题。从整体式叶轮的几何结构和工艺过程可以看出，加工整体式叶轮时加工轨迹规划的约束条件比较多，相邻的叶片之间空间较小，加工时极易产生碰撞干涉，自动生成无干涉加工轨迹比较困难。因此在加工叶轮的过程中不仅要保证叶片表面的加工轨迹能够满足几何准确性的要求，而且由于叶片的厚度有所限制，所以还要在实际加工中注意轨迹规划以保持加工的质量。在编程方面，叶轮五轴加工专用软件主要有美国NREC公司的MAX-5，MAX-AB叶轮加工专用软件，瑞士Starrag数控机床所带的叶轮加工模块，还有HyperMill等专用的叶轮加工软件。此外，一些通用的软件，如UG、CATIA、Pro/E等，也可以用于叶轮的加工。目前，国内大多数生产叶轮的厂家，多采用国外引进的CAD/CAM 软件，利用这些软件，在输入叶轮有关参数时，可以生产要加工的叶轮的数控加工程序，本任务选用目前流行且功能强大的UG NX10.0对复杂曲面整体叶轮进行加工轨迹规划。

在涡轮铣加工中，使用多叶片工序来加工含多个叶片的部件，如叶轮或叶盘（带或不带分流叶片）。多叶片铣加工工序专用于加工叶片类型的部件。而且对于这些类型的部件，此工序的加工效率最高。用户可以创建用于执行粗加工、剩余铣、轮毂精加工、圆角精加工，以及叶片和分流叶片精加工的工序，如图3-3-1所示。

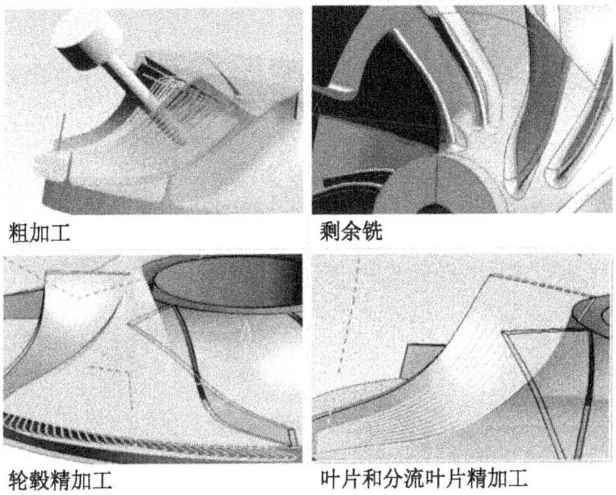

图3-3-1　叶轮加工方法

叶轮由轮毂、分流叶片、叶片、叶根圆角、包覆组成，如图3-3-2所示。

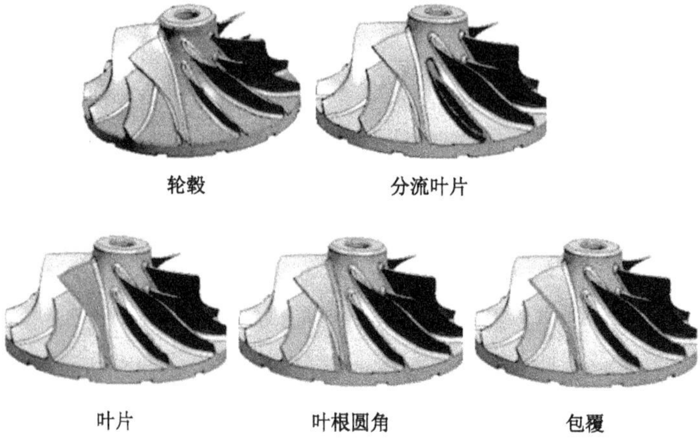

图 3-3-2　叶轮的组成

（二）操作实践

【操作文件】

打开“分流叶轮加工”文件，如图 3-3-3 所示。

【思路分析】

如图 3-3-3 所示，该零件是叶轮加工中的典型案例，包含主叶片与分流叶片。UG NX10.0 提供了叶轮加工模板，简化了编程难度与工艺安排。我们只须分析叶轮，确定加工刀具，保证刀具不过切、不干涉。按照 UG 软件提供的叶轮加工模板，依次按多叶片粗加工、轮毂精加工、叶片精加工、圆角精加工去编制刀路。最后依次旋转多叶片粗加工、轮毂精加工、叶片精加工、圆角精加工刀路即可。

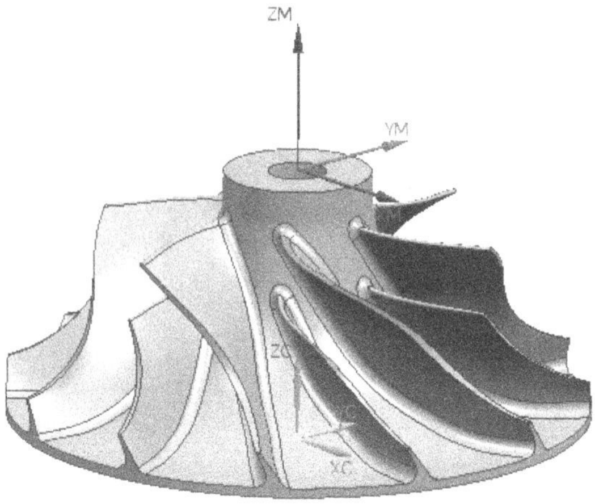

图 3-3-3　叶轮模型

1．工件安装。

使用三爪自动定心卡盘装夹工件，工件伸出比总高长 30mm，毛坯大小为ϕ120×100（单位为 mm）的铝棒。

2．确定加工坐标原点。

X—工件的中心；*Y*—工件的中心；*Z*—工件的上平面。

3．工步安排。

通过软件分析功能，确定加工刀具规格，具体安排见表 3-3-1。

表 3-3-1　工步安排

序号	加工内容	加工方式	刀　具	转速（r/min）	进给（mm/r）
1	型腔铣开粗	型腔铣	*D*16 平刀	6000	1800
2	精加工叶轮包覆面	深度轮廓加工	*R*4 平刀	6000	2000
3	叶片粗加工	多叶片粗加工	*R*3 球刀	6000	1500
4	轮毂精加工	轮毂精加工	*R*3 球刀	6000	1500
5	叶片精加工	叶片精加工	*R*3 球刀	6000	1000
6	分流叶片精加工	分流叶片精加工	*R*3 球刀	6000	1000
7	圆角精加工	圆角精加工	*R*2 球刀	6000	1000

【操作步骤】

1．进入加工模块。

选择“启动”→“加工(R)”命令，或者按“Ctrl+Alt+M”快捷键进入加工模块，以便进行加工程序的编制操作。

2．创建加工坐标系。

单击“MCS”命令，“指定 MCS”，选择毛坯上表面中心，创建加工坐标系。创建的安全平面如图 3-3-4 所示。

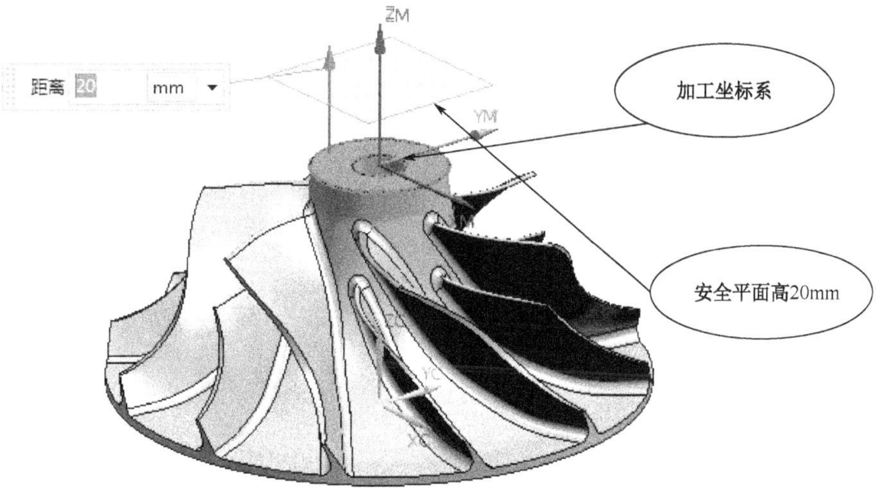

图 3-3-4　创建加工坐标系与安全平面

3．创建 WORKPIECE 几何体。

单击“WORKPIECE”命令，设置“指定部件”与“指定毛坯”相关参数后如图 3-3-5 所示。

【注意】：“部件”与“毛坯”可以先在建模模块中创建，在创建部件时，可以使用提取命令，提取包覆面的边，再连接其他线旋转即可。

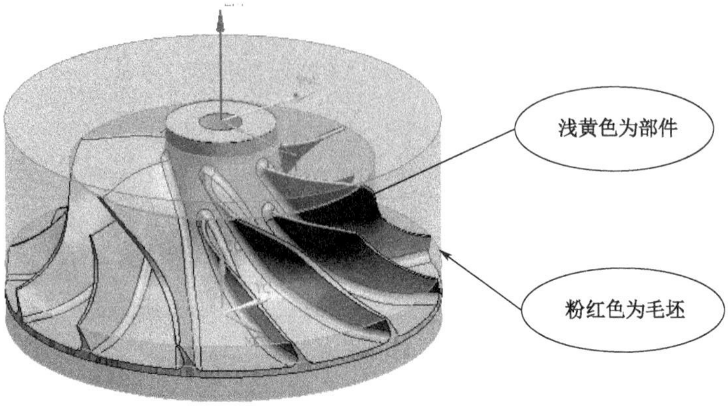

图 3-3-5　部件与毛坯

4．创建加工所用刀具。

在创建工具栏中单击“创建刀具”图标，打开“创建刀具”对话框，如图 3-3-6 所示，“刀具子类型”选择对应的类型，“名称”为“D16”，单击“应用”按钮，弹出“铣刀-5 参数”对话框，如图 3-3-7 所示，修改直径参数，其他参数采用默认设置。依次创建其他刀具。

5．型腔铣开粗。

（1）单击“ ”创建工序图标，在弹出的“创建工序”对话框中，“类型”选择“mill_contour”，“工序子类型”选择“ ”，“位置”中的参数设置如图 3-3-8 所示。

（2）设置操作参数。

具体的操作参数的设置如图 3-3-9 所示。设置好“切削参数”对话框中的“策略”“余量”等选项卡中的参数，如图 3-3-10 和图 3-3-11 所示。生成的刀轨如图 3-3-12 所示。

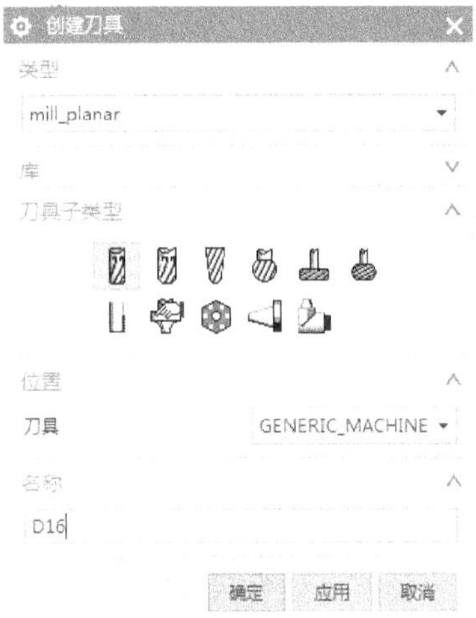

图 3-3-6　“创建刀具”对话框

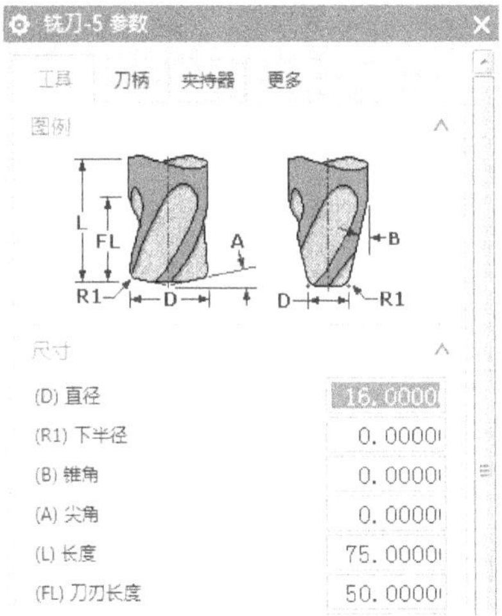

图 3-3-7　“铣刀-5 参数”对话框

图 3-3-8　创建工序

图 3-3-9　参数设置

图 3-3-10　“策略”选项卡参数设置

图 3-3-11　“余量”选项卡参数设置

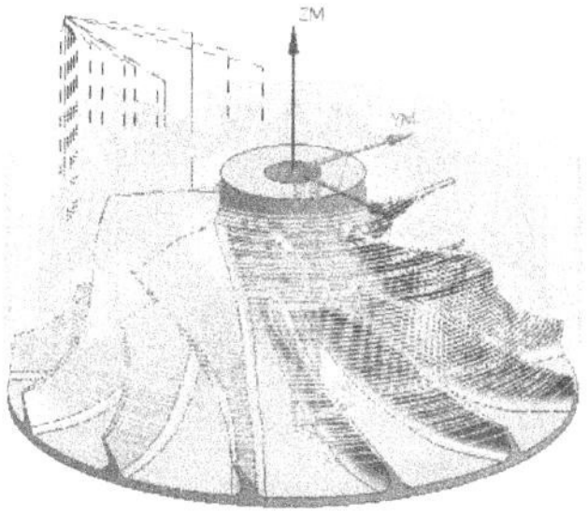

图 3-3-12　刀轨显示

6．精加工叶轮包覆面。

（1）单击“ ”创建工序图标，在弹出的“创建工序”对话框中，“类型”选择“mill_contour”，“工序子类型”选择“ ”，“位置”中的参数设置如图 3-3-13 所示。

（2）单击“确定”按钮，进入“刀轨设置”参数设置界面，设置“最大距离”为“0.15mm”，如图 3-3-14 所示。

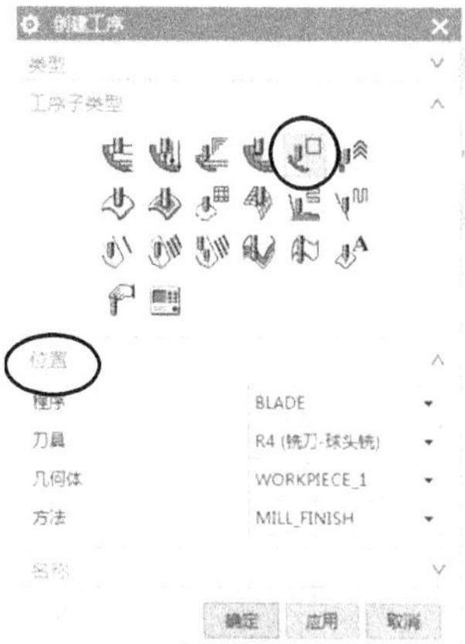

图 3-3-13　创建工序

图 3-3-14　参数设置

（3）打开“切削参数”对话框，在“连接”选项卡中，将“层到层”设置为“直接对部件进刀”，如图 3-3-15 所示。切换到“余量”选项卡，设置相关参数，如图 3-3-16 所示。

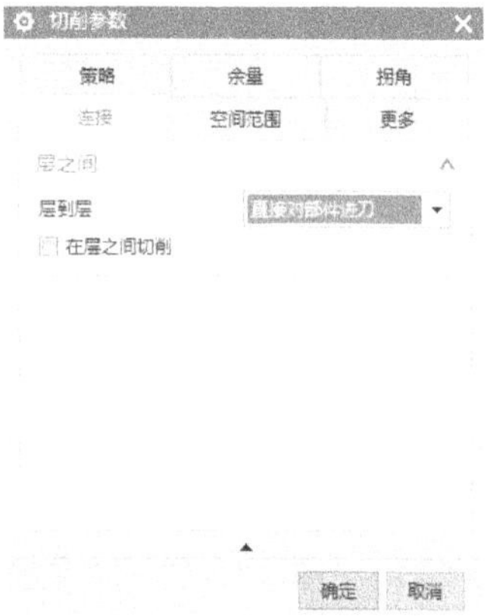

图 3-3-15　“连接”选项卡参数设置

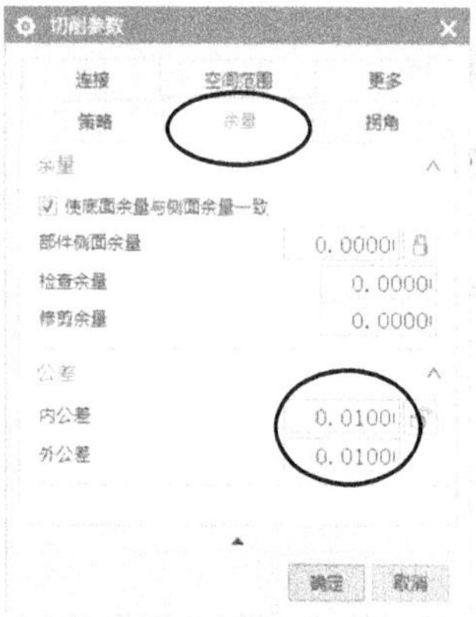

图 3-3-16　“余量”选项卡参数设置

设置好其他相关参数后，生成的刀轨如图 3-3-17 所示。

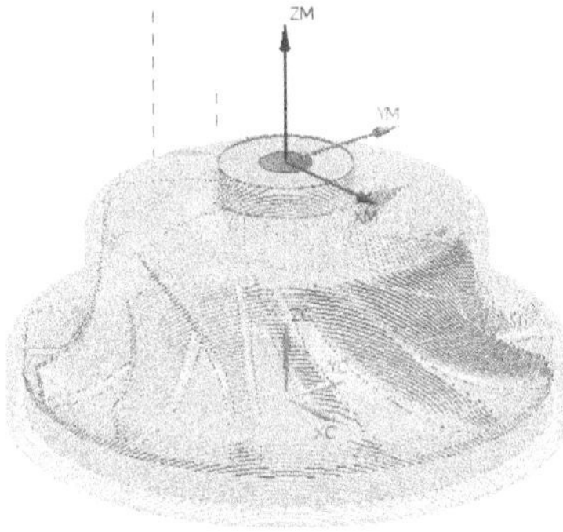

图 3-3-17　刀轨显示

【注意】：包覆面（叶轮毛坯）也可以先用数控车床加工好，这样包覆面表面粗糙度与加工效率会大大提高，特别是在批量生产中。

7．创建叶轮（WORKPIECE）几何体。

（1）单击“ ”创建几何体图标，打开“创建几何体”对话框，如图 3-3-18 所示，“几何体”选择“MCS”，创建叶轮几何体的“名称”为“WORKPIECE_2”，单击“确定”按钮，双击“WORKPIECE_2”，设置“指定部件”与“指定毛坯”相关参数，得到的部件与毛坯如图 3-3-19 所示。

图 3-3-18　“创建几何体”对话框

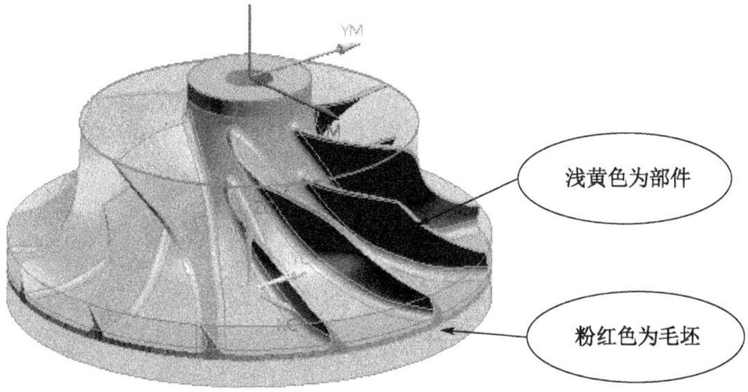

图 3-3-19　部件与毛坯

（2）单击“ ”创建几何体图标，在弹出的“创建几何体”对话框中，“类型”选择“mill_multi_blade”，“几何体子类型”选择“ ”，“几何体”为“WORKPIECE_2”，名称为“MULTI_BLADE_GEOM”，单击“确定”按钮，如图 3-3-20 所示。

图 3-3-20　叶轮加工类型

双击“MULTI_BLADE_GEOM”，在弹出的对话框中依次指定轮毂、包覆、叶片、叶根圆角、分流叶片，如图 3-3-21 所示，几何体父节关系如图 3-3-22 所示。叶轮显示结果如图 3-3-23 所示。

图 3-3-21　叶轮几何体

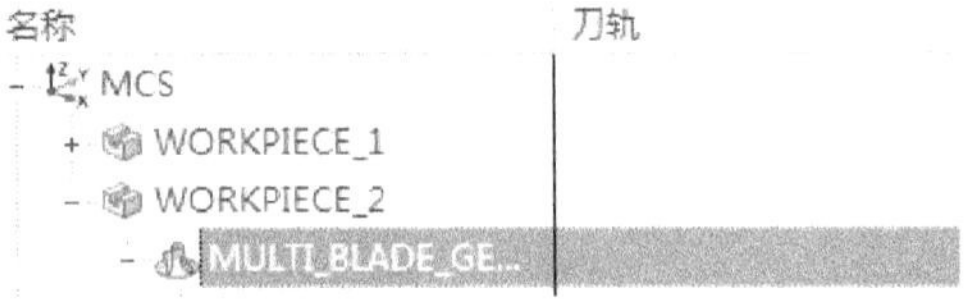

图 3-3-22　几何体父节关系

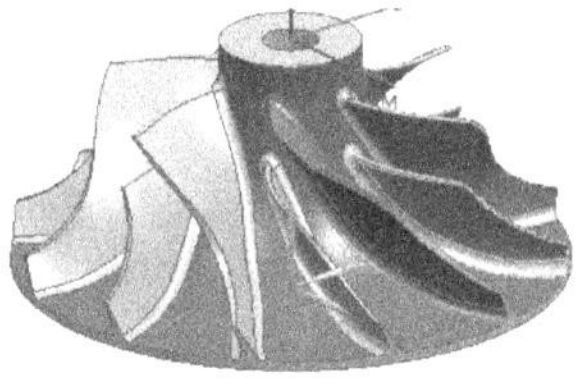

图 3-3-23　叶轮显示结果

8．叶片粗加工。

（1）单击“ ”创建工序图标，在弹出的“创建工序”对话框中，“类型”选择“mill_multi_blade”；“工序子类型”选择多叶片粗加工“ ”；“位置”中的参数设置如图 3-3-24 所示，特别要注意“几何体”要选择“MULTI_BLADE_GEOM”。多叶片粗加工解释如图 3-3-25 所示。

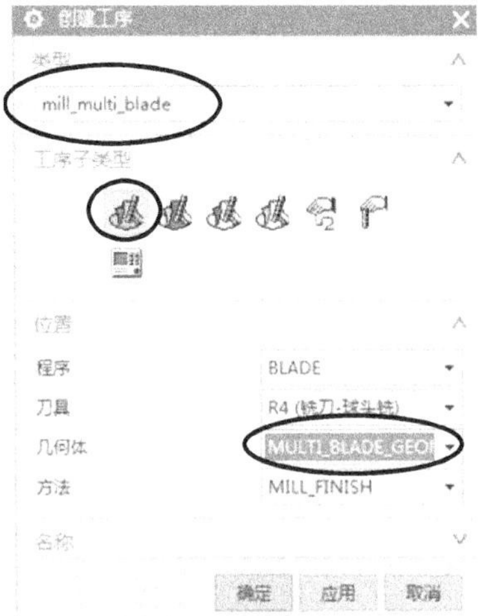

图 3-3-24　创建工序

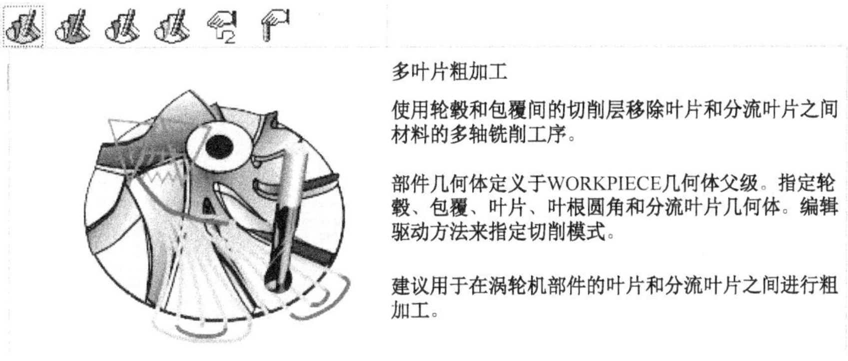

图 3-3-25　多叶片粗加工解释

单击“确定”按钮，进行加工切削参数的设定。设置好切削参数、非切削参数、进给率速度等参数，生成的刀轨如图 3-3-26 所示。

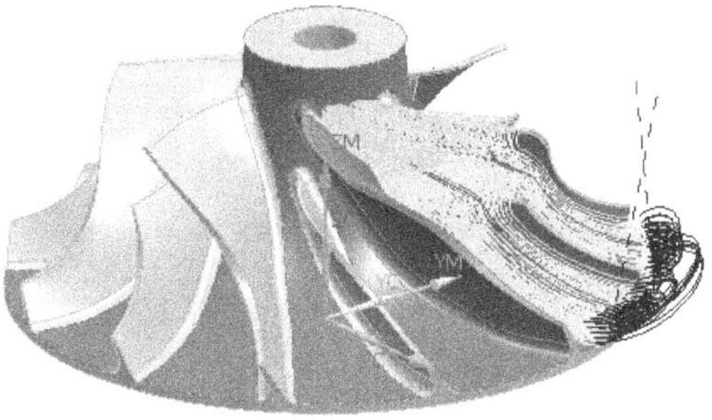

图 3-3-26　刀轨显示

（2）旋转“叶片粗加工”刀轨。

选择“叶片粗加工”刀轨，右击，选择“对象”→“变换”命令，如图 3-3-27 所示。在打开的“变换”对话框中，进行参数设置，“角度”设置为“60 度”，“复制”5 份，如图 3-3-28 所示。生成的刀轨如图 3-3-29 所示。

图 3-3-27　变换路径

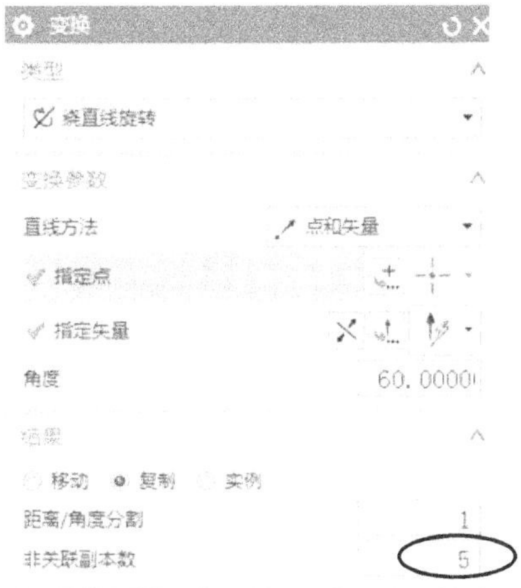

图 3-3-28　“变换”参数设置

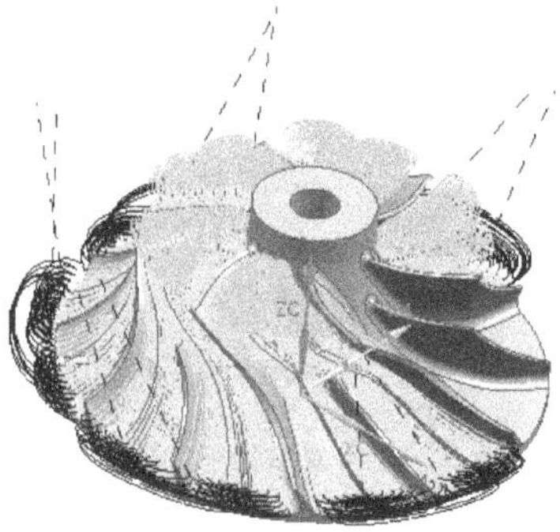

图 3-3-29　刀轨显示

9．轮毂精加工。

（1）单击“ ”创建工序图标，在弹出的“创建工序”对话框中，“类型”选择“mill_multi_blade”；“工序子类型”选择轮毂精加工“ ”；“位置”中的参数设置如图 3-3-30 所示，特别注意“几何体”要选择“MULTI_BLADE_GEOM”。轮毂精加工解释如图 3-3-31 所示。

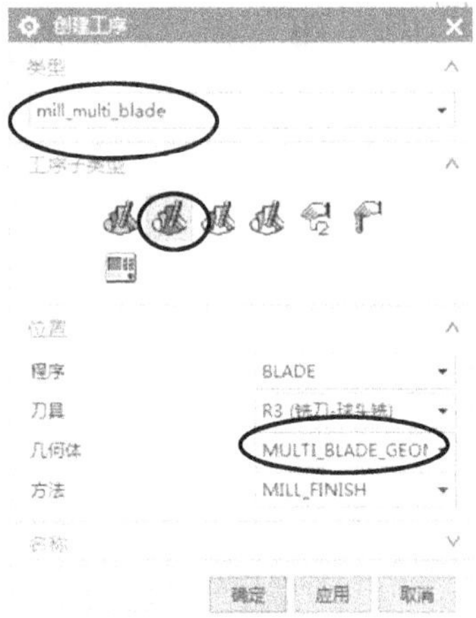

图 3-3-30　创建工序

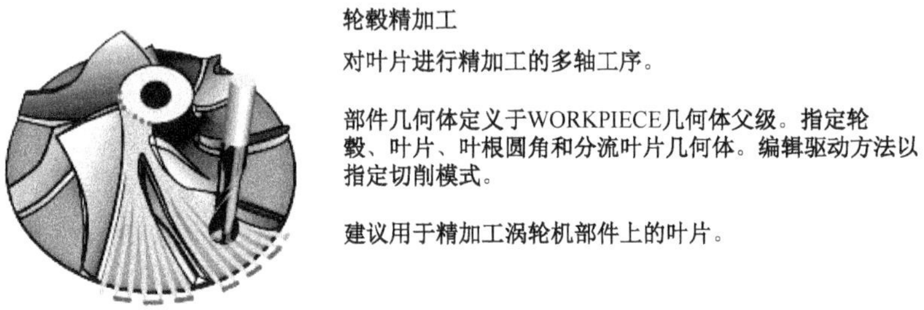

图 3-3-31　轮毂精加工解释

单击“确定”按钮，进行加工切削参数设定，设置好切削参数、非切削参数、进给率速度等参数，生成的刀轨如图 3-3-32 所示。

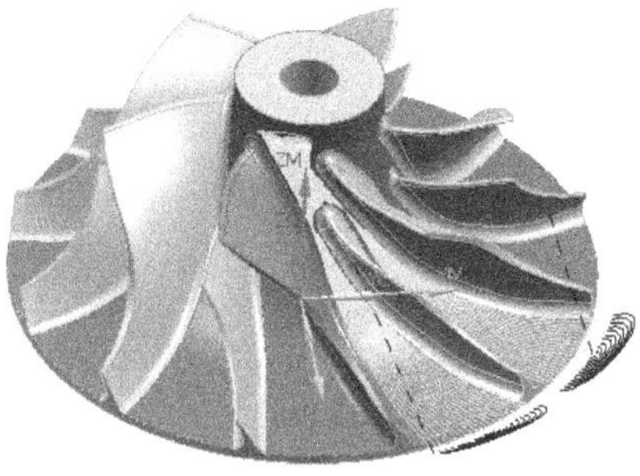

图 3-3-32　刀轨显示

（2）旋转“轮毂精加工”刀轨。

选择“轮毂精加工”刀轨，右击，在打开的快捷菜单中选择“对象”→“变换”命令，如图 3-3-33 所示。旋转轴选择 *Z* 轴，“角度”设置为“60 度”，“复制” 5 份，如图 3-3-34 所示。生成的刀轨如图 3-3-35 所示。

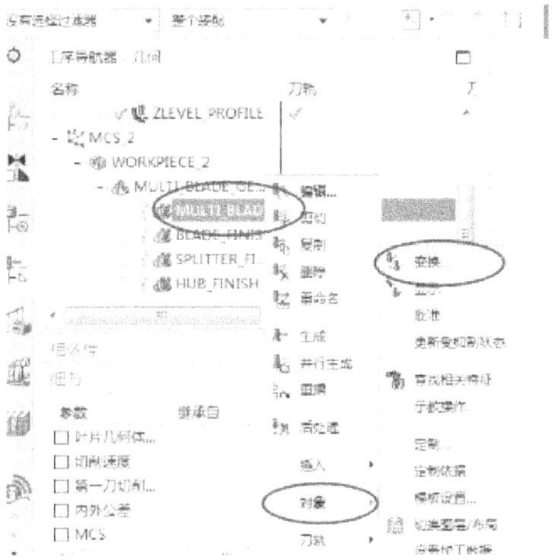

图 3-3-33　变换路径

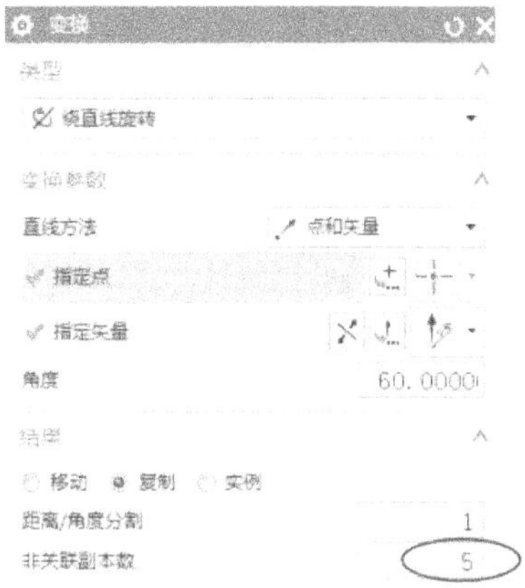

图 3-3-34　“变换”参数设置

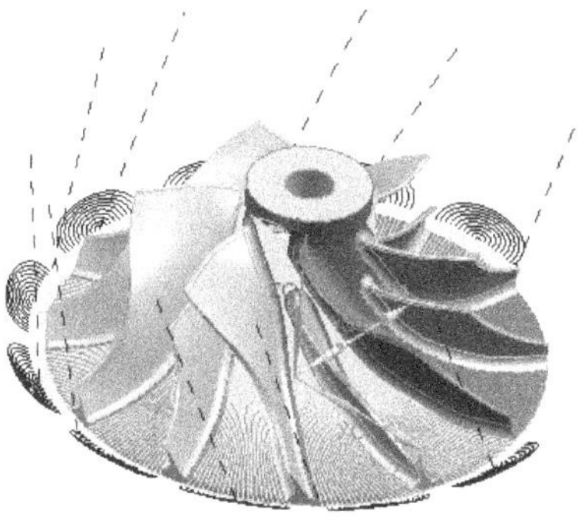

图 3-3-35　刀轨显示

10．叶片精加工。

（1）单击“ ”创建工序图标，在弹出的“创建工序”对话框中，“类型“选择“mill_multi_blade”；“工序子类型”选择轮毂精加工“ ”；“位置”中的参数设置如图 3-3-36

所示，特别要注意“几何体”要选择“MULTI_BLADE_GEOM”。叶片精加工解释如图 3-3-37 所示。

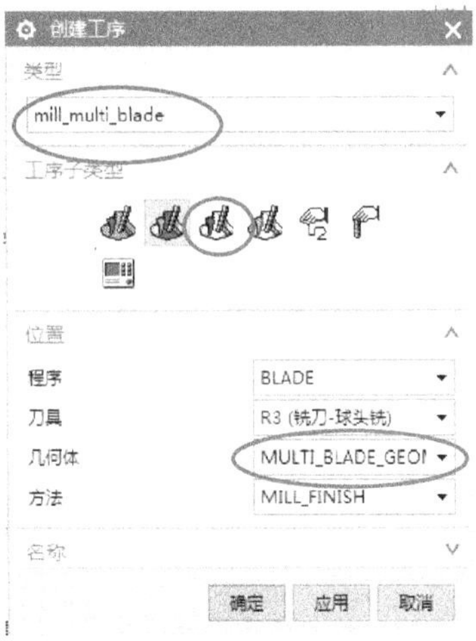

图 3-3-36　创建工序

图 3-3-37　叶片精加工解释

单击“确定”按钮，进行加工叶片精加工切削参数的设置，如图 3-3-38 所示。在“驱动方法”的“叶片精加工”中，单击“ ”图标进入“叶片精加工驱动方法”对话框，“要精加工的几何体”选择“叶片”，其他参数的设置如图 3-3-39 所示。设置好切削参数、非切削参数、进给率速度等参数，生成的刀轨如图 3-3-40 所示。

图 3-3-38　选择叶片精加工驱动方法

图 3-3-39　设置驱动参数

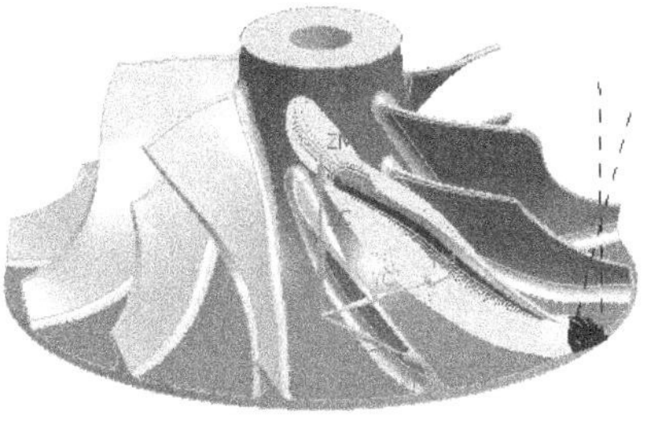

图 3-3-40　刀轨显示

（2）旋转“叶片精加工”刀轨。

选择“叶片精加工”刀轨，右击，在打开的快捷菜单中选择“对象”→“变换”命令，如图 3-3-41 所示。打开“变换”对话框，旋转轴选择 Z 轴，“角度”设置为“60 度”，“复制”5 份，如图 3-3-42 所示。生成的刀轨如图 3-3-43 所示。

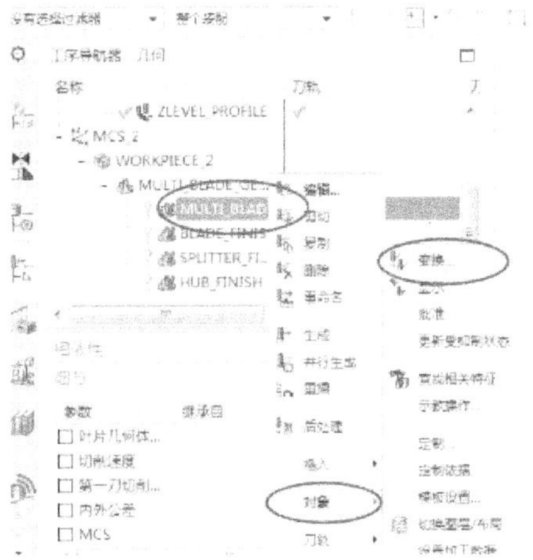

图 3-3-41　变换路径

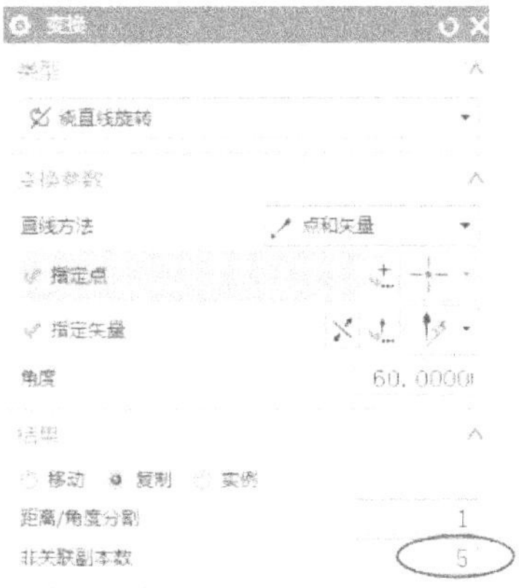

图 3-3-42　“变换”参数设置

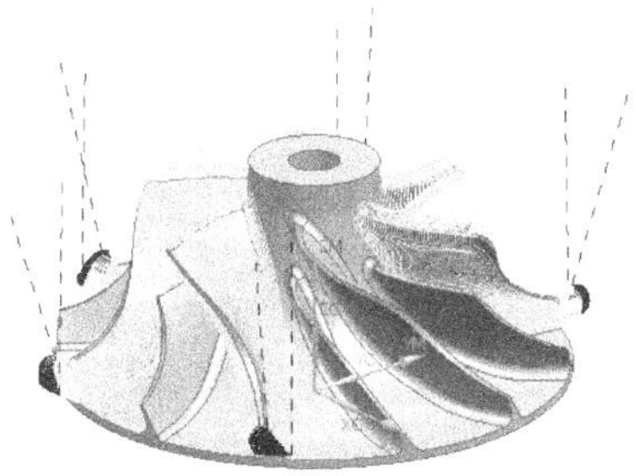

图 3-3-43　刀轨显示

11．分流叶片精加工。

（1）单击“　”创建工序图标，在弹出的“创建工序”对话框中，“类型”选择“mill_multi_blade”；“工序子类型”选择轮毂精加工“　”；“位置”中的参数设置如图 3-3-44 所示，特别注意“几何体”要选择“MULTI_BLADE_GEOM”。

图 3-3-44　创建工序

单击“确定”按钮，进行叶片精加工切削参数的设置，如图 3-3-45 所示。在“驱动方法”的“叶片精加工”中单击“ ”图标进入“叶片精加工驱动方法”对话框，“要精加工的几何体”选择“分流叶片 1”，其他参数的设置如图 3-3-46 所示。设置好切削参数、非切削参数、进给率速度等参数，生成的刀轨如图 3-3-47 所示。

图 3-3-45　叶片精加工切削参数设置

图 3-3-46　叶片精加工驱动方法参数设置

图 3-3-47　刀轨显示

（2）旋转“分流叶片精加工”刀轨。

选择“分流叶片精加工”刀轨，右击，在打开的快捷菜单中选择“对象”→“变换”命令，如图 3-3-48 所示。旋转轴选择 Z 轴，“角度”设置为“60 度”，“复制”5 份，如

图 3-3-49 所示。生成的刀轨如图 3-3-50 所示。

图 3-3-48　变换路径

图 3-3-49　“变换”参数设置

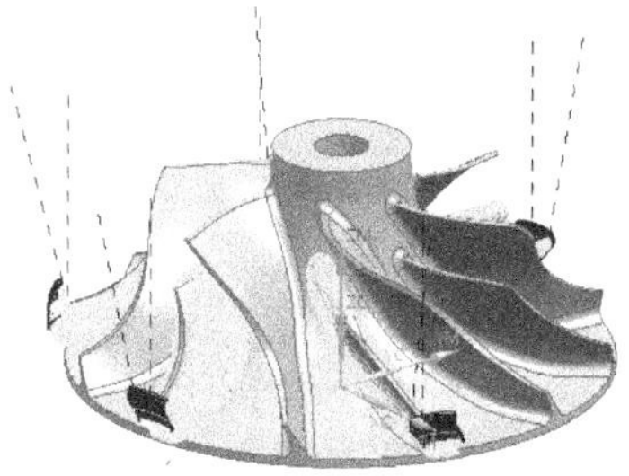

图 3-3-50　刀轨显示

12．圆角精加工。

（1）单击“ ”创建工序图标，在弹出的“创建工序”对话框中，“类型”选择“mill_multi_blade”；“工序子类型”选择圆角精加工“ ”；“位置”中的参数设置如图 3-3-51 所示，特别注意“几何体”要选择“MULTI_BLADE_GEOM”。圆角精加工解释如图 3-3-52 所示。

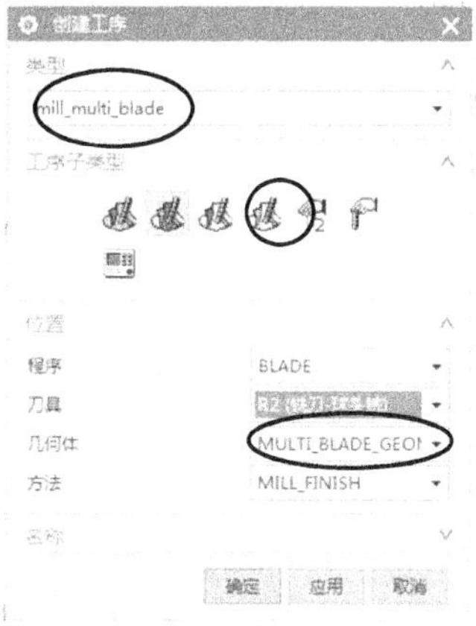

图 3-3-51　创建工序

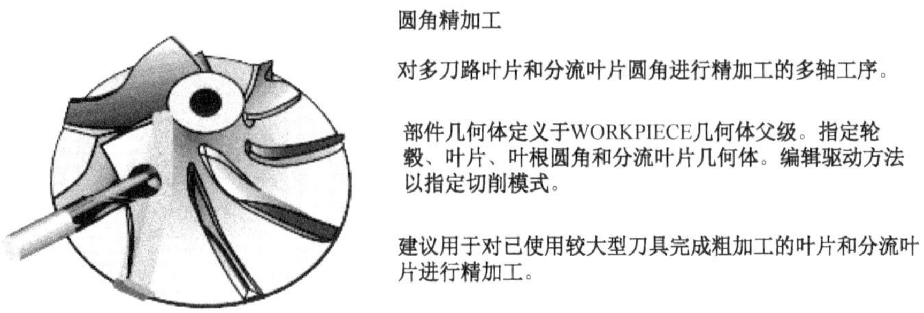

图 3-3-52　圆角精加工解释

单击“确定”按钮，进行“叶片精加工”切削参数的设置，如图 3-3-53 所示。在“驱动方法”的“叶片精加工”中单击“ ”图标进入“圆角精加工驱动方法”对话框，“要精加工的几何体”选择“叶根圆角”，其他参数的设置如图 3-3-54 所示。设置好切削参数、非切削参数、进给率速度等参数，生成的刀轨如图 3-3-55 所示。

图 3-3-53　“叶片精加工”切削参数设定

图 3-3-54　“圆角精加工驱动方法”对话框

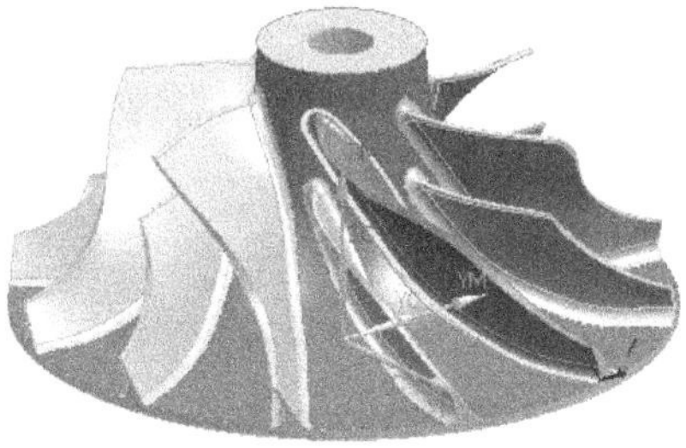

图 3-3-55　刀轨显示

（2）分流叶片圆角精加工。

复制“圆角精加工”刀轨，修改其圆角精加工驱动方法，“要精加工的几何体”修改为“分流叶片 1 倒圆”，如图 3-3-56 所示，生成的刀轨如图 3-3-57 所示。

图 3-3-56 “圆角精加工驱动方法”对话框

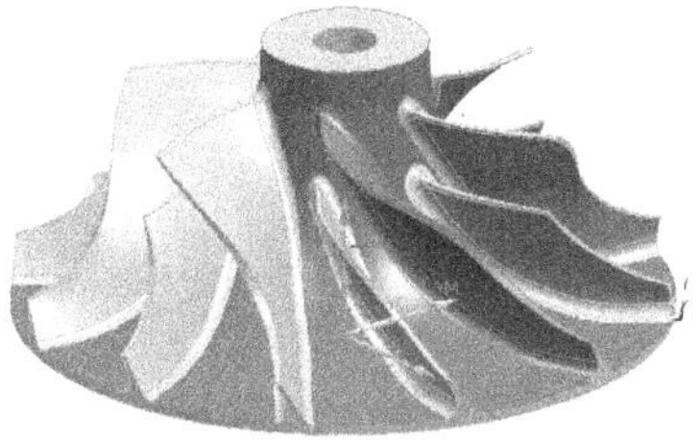

图 3-3-57 圆角精加工刀轨

（3）旋转“圆角精加工”刀轨。

选择“圆角精加工”刀轨和“分流叶片圆角精加工”，右击，在打开的快捷菜单中选择“对象”→“变换”命令，如图 3-3-58 所示。旋转轴选择 Z 轴，“角度”设置为“60 度”，“复制”5 份，如图 3-3-59 所示。生成的刀轨如图 3-3-60 所示。

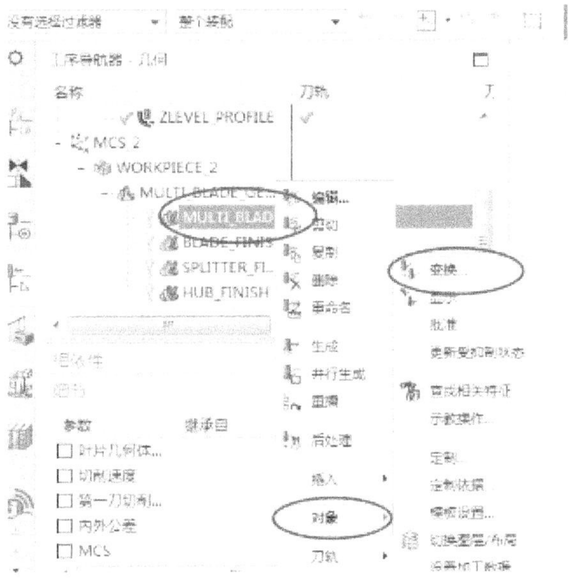

图 3-3-58 变换路径

图 3-3-59 “变换”参数设置

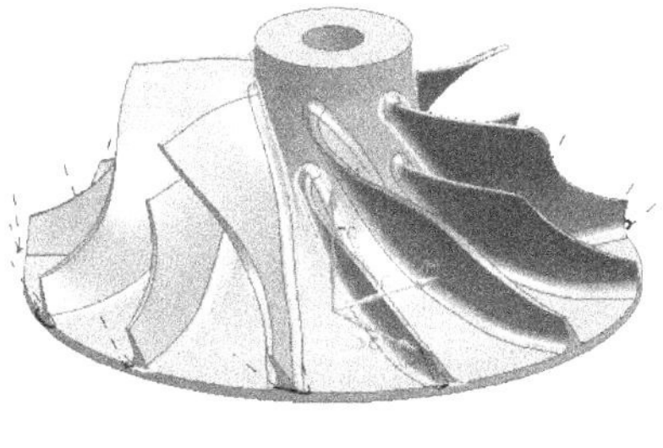

图 3-3-60 刀轨显示

13．选择“MCS”，确认刀轨“ ”，如图 3-3-61 所示，选择 2D 动态进行仿真加工，仿真加工结果如图 3-3-62 所示。

图 3-3-61　“刀轨可视化”对话框

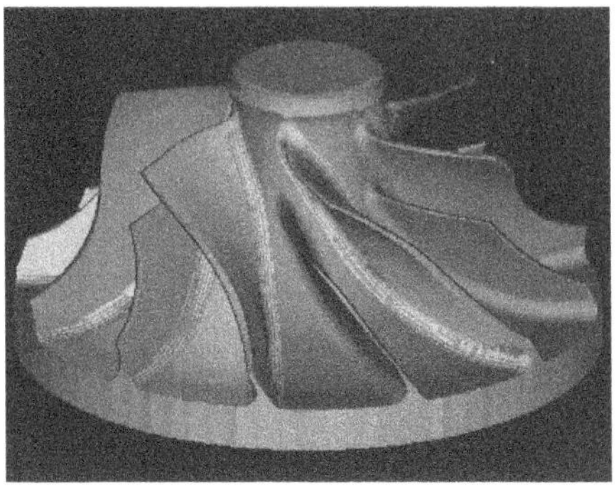

图 3-3-62　仿真加工结果

【模拟仿真】

1．利用 Vericut 软件进行模拟仿真加工，通过导入对应的机床与控制系统，如图 3-3-63 所示，设定好加工夹具与毛坯，加工夹具与毛坯如图 3-3-64 所示。

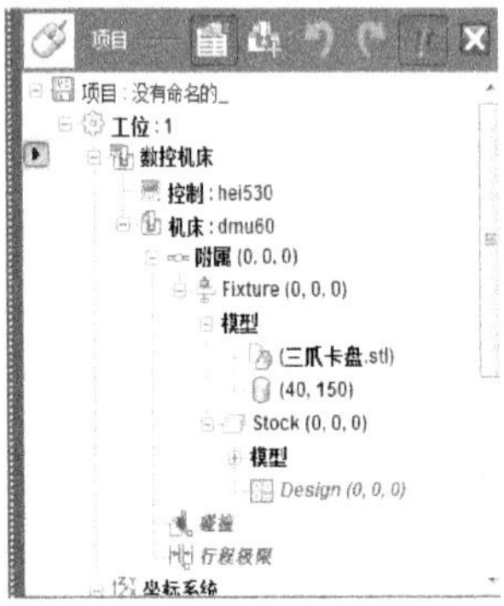

图 3-3-63　设置机床与系统

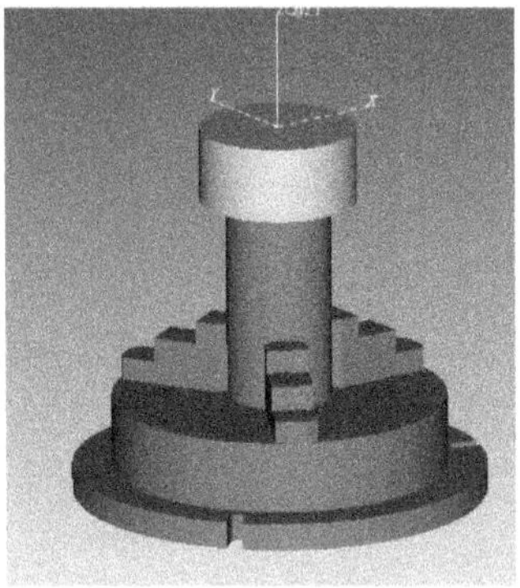

图 3-3-64　加工夹具与毛坯

2．设置好加工坐标系与 G 代码偏置（程序零点），添加加工所用的刀具与数控加工程序，如图 3-3-65 所示。机床切削模型如图 3-3-66 所示。

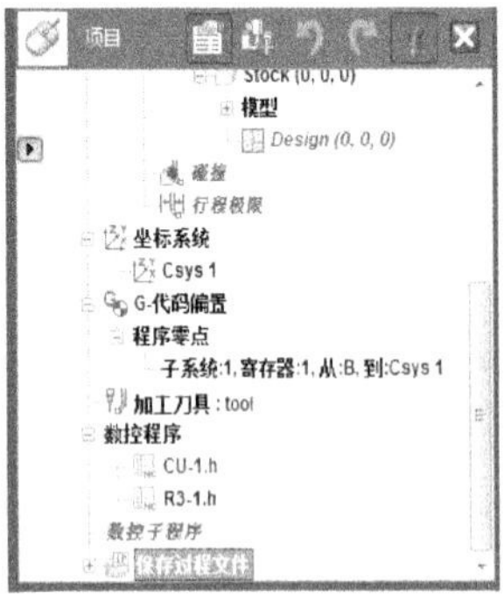

图 3-3-65　G 代码偏置

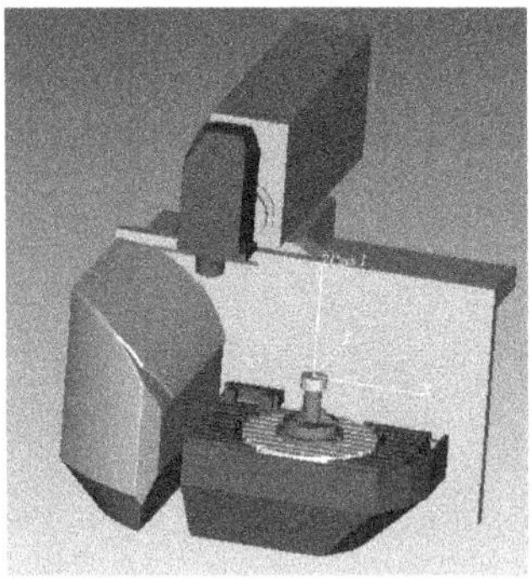

图 3-3-66　机床切削模型

3．设置好所有步骤后，按“ ”按钮仿真加工，有两种显示结果，零件仿真加工如图 3-3-67 所示，机床模拟加工如图 3-3-68 所示。

图 3-3-67　零件仿真加工

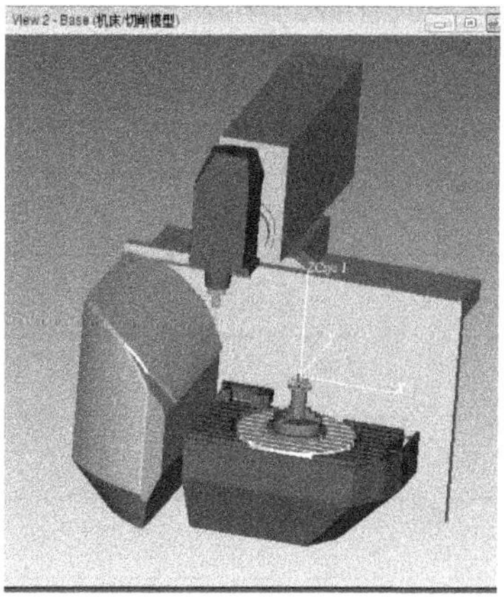

图 3-3-68　机床模拟加工

任务评价

按照表 3-3-2，根据操作实践环节中每个小组、每个同学的表现，从三个观察角度、不同的评价指标分别给予客观的评价。

表 3-3-2　多元评价表

序号	评价指标		自我评价			小组评价			教师评价		
			☺	😐	☹	☺	😐	☹	☺	😐	☹
1	专业技术能力	能合理安排加工工艺									
2		能熟练应用 UG 软件									
3		零件加工表面粗糙度满足要求									
4	职业方法能力	具备自我学习的能力									
5		具备信息处理的能力									
6		具备数字应用的能力									
7	职业社会能力	具备与人交流的能力									
8		具备与人合作的能力									
9		具备解决问题的能力									
10	总评										

任务总结

根据本次任务的学习、实践情况，结合任务评价，对完成任务的情况进行总结。

反侵权盗版声明